江西理工大学清江学术文库

基于胞腔复形链的地下空间对象 三维表达与分析计算统一 数据模型研究

王永志　袁留　朱思静　著

中南大学出版社
www.csupress.com.cn

·长 沙·

图书在版编目（CIP）数据

基于胞腔复形链的地下空间对象三维表达与分析计算
统一数据模型研究／王永志，袁留，朱思静著. —长沙：
中南大学出版社，2019.8
ISBN 978－7－5487－3630－1

Ⅰ.①基… Ⅱ.①王… ②袁… ③朱… Ⅲ.①空间大
地测量－地质模型－数据模型－研究 Ⅳ.①P228

中国版本图书馆 CIP 数据核字（2019）第 090166 号

基于胞腔复形链的地下空间对象三维表达与分析计算统一数据模型研究

JIYU BAOQIANG FUXINGLIAN DE DIXIA KONGJIAN DUIXIANG SANWEI
BIAODA YU FENXI JISUAN TONGYI SHUJU MOXING YANJIU

王永志　袁留　朱思静　著

□责任编辑　胡　炜
□责任印制　易红卫
□出版发行　中南大学出版社

社址：长沙市麓山南路　　　　邮编：410083
发行科电话：0731－88876770　　传真：0731－88710482

□印　　装　长沙市宏发印刷有限公司

□开　　本　710×1000　1/16　□印张8　□字数 165 千字
□版　　次　2019 年 8 月第 1 版　□2019 年 8 月第 1 次印刷
□书　　号　ISBN 978－7－5487－3630－1
□定　　价　88.00 元

前　言

随着科学技术的进步和社会经济的发展，地下空间作为重要的资源正逐步得到开发利用，如城市地下空间设施的建设、矿产资源的开发、地下能源存储库的建设等。不论地下空间作何种用途，都需要对其地质环境、地质构造情况进行详细的勘察量测和模拟分析。地下空间对象的三维表达与分析计算技术可以更加便捷、精确地描述地下空间对象的构造，能够对地下空间现象进行数值模拟与分析，从而使工程师做出更加准确的决策。因此，该技术已经成为三维地理信息系统、三维地学模拟系统和岩石力学数值模拟等领域的研究热点。由于没有统一的数据结构，用于地下空间对象三维表达的模型与用于分析计算的模型之间存在着本质的差异。因此，目前地下空间对象的三维表达与分析计算多被分为两个独立的过程。这样在进行地理现象模拟与分析的过程中，既不利于地下空间对象几何拓扑信息的维护，又容易产生数据冲突，降低分析计算的效率。本书以代数拓扑为理论依据，基于以胞腔复形链实现地下空间对象几何、拓扑和属性的统一表达和形式化定义，构建了能支持地下空间对象三维表达与分析计算的统一数据模型。通过本书的研究，可从理论和方法上推进地下空间对象三维表示和分析计算技术的发展，其中主要的研究工作和成果包括：

（1）将地下空间对象的代数拓扑描述方法从单纯同调理论扩展到胞腔同调理论，详细阐述了胞腔复形链及其相关操作算子的概念。在此基础上，给出了基于胞腔复形链的地下空间对象的形式化定义，对其动态行为过程的变化特征进行了描述与表达，为地下空间对象的三维表达与分析计算统一数据模型的构建奠定了理论基础。

（2）在完成了基于胞腔复形链的地下空间对象形式化定义的基础上，从地下空间对象的抽象过程入手，结合代数拓扑学的相关理论，给出了基于胞腔复形链的地下空间对象三维表达与分析计算统一数据模型的层次结构及其实现方法；并由此实现了基于统一数据模型的复杂地下空间对象三维表达、地下空间对象属性信息空间分布特征表达及动态行为过程表达的操作。

（3）为了扩展本书提出的统一数据模型空间的操作功能及增强其实用性，基于统一数据模型，实现了一系列地下空间对象三维空间分析与计算过程中的空间操作算法。基于胞腔复形链对欧拉-庞加莱公式进行了扩展，并借助于其6个拓扑不变量设计了10对欧拉算子；在此基础上，实现了基于统一数据模型的三维点集区域查询算法、三维空间相交检测算法、三维空间实体间布尔运算、三维空间网格离散及地下空间对象模型细分光滑操作等空间操作算法。

（4）采用本书构建的基于胞腔复形链的三维表达与分析计算统一数据模型及其相关空间操作，以盐腔围岩蠕变数值模拟与分析为例，对统一数据模型层次结构的合理性及其相关空间操作的可靠性进行了实例验证。通过对研究区基础空间数据、声纳测腔数据等数据资料的分析，构建基于统一数据模型的盐腔围岩数值分析计算模型，实现盐腔围岩空间对象几何、拓扑、属性信息的统一表达；基于胞腔复形链对常用力学元件进行表达，通过对胞腔复形链的操作运算，实现不同蠕变机理模型的重构；在此基础上，基于统一数据模型进行盐腔围岩蠕变数值的模拟与分析。

本书所有工作均在南京师范大学虚拟地理环境教育部重点实验室完成，感谢南京师范大学虚拟地理环境教育部重点实验室盛业华教授和闾国年教授给予的悉心指导，感谢周良辰老师、郭飞老师、李安波老师、王永君老师、温永宁老师、张卡老师等给予的宝贵建议，感谢课题组徐红波、尚祚彦、王海霞、赵林林、张平飞、胡瑜、王丹等给予的无私帮助，感谢国家自然科学基金项目（No. 41601429）、国家高技术研究发展计划（863计划）（2007AA12Z236）的资助。本书由江西理工大学资助出版，在此一并表示感谢！

鉴于本书提出的统一数据模型及其相关操作算法应用较少，因其涉及领域多，受作者水平和学科知识面所限，书中难免存在疏漏和不妥之处，敬请各位同行和读者批评改正。

作者

2019年8月

目　录

第 1 章　绪　论

1.1　研究背景

随着科学技术的进步和信息化建设的发展，城市地下空间开发、矿产资源开采等建设工作日益推进。地下空间作为重要的资源正逐步得到开发利用，如地铁、隧道、人防工程、地下商场、矿产资源开发、地下能源存储库等地下工程日益增多，与原有的地质体一起构成了比地上复杂得多的三维空间，并改变了原有的水文地质与工程地质特征，在特定区域可能引发围岩变形、地面沉降等地质环境问题[1]。要避免这些问题的出现，就需要对地下空间对象进行三维建模与模拟，而一般的面向几何分析的数据模型无法表达真三维的对象，因此需要发展新的数据模型。

在这种背景下，越来越多的地学工程师开始借助于三维建模软件和数值分析软件来解决实际的工程问题。地下空间对象的三维表达与分析计算技术，可以更加便捷、精确地描述地下空间对象的构造。它不仅有助于减轻工程人员的工作强度，使其对构造有更确切的认识，还可以将地学领域复杂的、抽象的、专业性的成果及结论用简洁、直观的形式表现出来，从而帮助决策者做出正确的判断。建立有效的地下空间对象三维模型不仅是地学三维建模的基础工作，还是在矿产资源储量评估、油气资源勘探开发、地下水资源分析等工程项目中的许多数据处理方法得以在计算机中进行数值模拟与分析的基础。在地下空间对象三维模型的基础上，结合专业的分析计算模型，利用数值分析软件对地下现象（如工程地质体的安全稳定性）进行分析和评估的方法，将有助于工程师做出更加准确的决策。

地下空间对象的三维表达与分析计算是指运用空间信息理论，借助于计算机和科学可视化技术，从三维空间的角度对地质体和地质现象进行三维建模与模拟分析的过程。地下空间对象三维表达与分析计算统一数据模型是指建立地下空间对象组成要素的几何形态、拓扑关系、属性特征和语义描述等的模型，它既要实现对地下空间对象的语义抽象,又要实现点、线、面、体等几何要素空间形态的表达,以及建立对这些几何要素属性特征的描述,以满足模拟分析时对地下对象空间的几何、拓扑、属性信息查询的需求。工程人员更加希望通过这样的一个三维模型得到自己需要的空间对象的属性信息(如地应力、位移等),尤其是各种属性在动态变化时的相互作用情况及对未来发展趋势的预测,即能够对属性特征的分布趋势和各种物性参数的动态变化进行描述,实现丰富的分析计算功能(如地面沉降模拟与分析、湖泊水位的变化模拟、盐腔围岩三维空间的蠕变模拟与分析等)。

由于现实世界中地下空间对象极其复杂,如透镜体、地下裂缝、断层、褶皱、地层倒转等复杂的地质现象(图1.1),对其进行描述、管理、模拟和分析时,必须借助真三维的地理信息系统(3D GIS)。近年来,3D GIS 的研究有了较大进展,并开发了一些 3D GIS 原型系统或商业化的专业软件,如地质体建模软件 Earth Vision、地质应用三维几何软件 GOCAD 等。但是人们的研究主要集中在三维空间信息获取、三维空间数据逻辑模型、三维空间数据组织与管理以及三维空间数据显示和可视化表达等方面。虽然目前三维空间数据模型能支持一些简单的几何和拓扑分析,如剖切、开挖、揭层等操作,但还不能实现地下空间对象几何、拓扑、物理与工程属性信息的统一描述与表达,因此缺乏对地下空间对象行为过程变化特征的模拟与预测分析能力,无法从根本上解决实际工程应用中所遇到的空间分析和运算问题。同时,在大多数数值模拟软件中,存在着三维模型构建、空间网格离散、分析计算模型集成等烦琐的处理工作,这不仅阻碍了 3D GIS 软件与数值模拟软件的集成,也妨碍了两者在采矿工程、岩土工程等实际工程领域的推广应用。

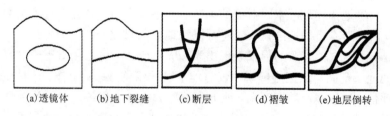

(a)透镜体　　(b)地下裂缝　　(c)断层　　(d)褶皱　　(e)地层倒转

图1.1　地下空间中复杂的地质构造现象[2]

当前地下空间三维建模的主要目的是实现地下空间信息的数字化与可视化,强调模型尽可能真实地刻画出地下空间的几何形态;而数值模拟则要求地下空间对象模型既能够符合地质实际和工程实际,又能够被剖分成具有较高质量的计算网格。符合地质实际与保证网格质量有时是相互矛盾的,复杂的地下空间特征给地质体剖分造成了困难,会导致模型中出现奇异单元,不适于进行数值模拟。由于三维建模目的与要求上的差异，传统的地下空间三维建模结果还不能直接应用到数值模拟中，故适合于数值模拟的地下空间三维建模方法还有待于进一步研究。

在当前的信息时代，迫切需要数学理论为空间对象建模提供简洁、通用的代数表示方式，以此为空间对象的分析计算提供理论指导。因此，利用代数拓扑方法进行系统建模，处理那些用偏微分方程表示的弹性物理问题成为学者们研究的重点。Palmer 和 Shapro 根据代数拓扑学中链复形的定义，提出了胞腔复形链（cell complex chain）的概念。利用胞腔复形链可以将空间对象的几何、拓扑及对应的属性建立起连接关系，实现模型的几何拓扑和属性的统一描述，使得空间对象的三维表达与分析计算可以同时进行，进而减少数据冗余、提高计算效率。胞腔复形链是基于胞腔复形（cell complex）来定义的，每个胞腔复形又是由不同维数的胞腔（cell）组成的（图 1.2）。n 维胞腔复形链是某个胞腔复形上 n 维胞腔与其对应系数的线性组合，每个胞腔对应的系数是空间对象矢量空间的一个属性值或表达式（图 1.3）。胞腔复形链的特点是可以将地下空间对象的拓扑、几何要素与其对应的属性信息用代数的形式表示，便于利用计算机进行存储和处理。利用胞腔复形链构建地下空间对象三维表达与分析计算的统一数据模型，可以通过定义胞腔类、胞腔复形类、胞腔复形链类以及它们派生出的子类，在较高层次上实现对地下空间对象几何、拓扑、属性信息的抽象化。

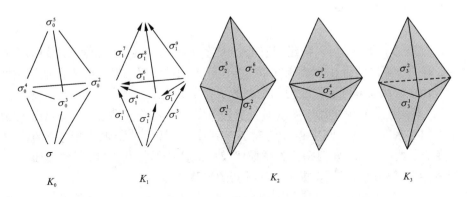

图 1.2　3D 胞腔复形实例

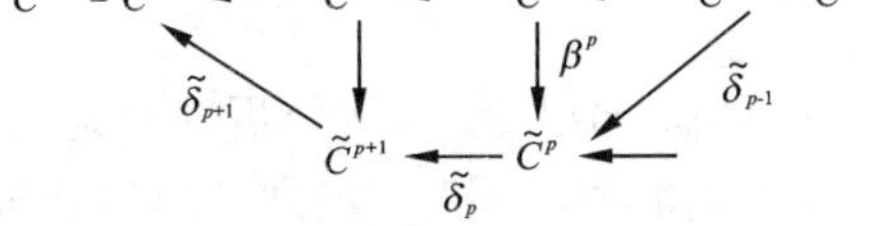

图 1.3　胞腔复形链的构成及转换关系

由于没有统一的数据结构，因此用于地下空间对象三维表达的模型与用于数值计算的模型之间存在本质的差异。目前地下空间对象的三维表达与分析计算多被分为两个独立的过程，三维空间数据模型主要描述地下空间对象的几何信息，对与分析计算相关的属性信息(如应力、位移、应变等)及其空间分布情况的关注较少；为了利用地下空间对象的几何信息、拓扑信息，在进行分析计算时，不得不在三维空间数据模型的基础上，再建立一种与反映分析计算相关的属性信息的表示方法。这样在进行地理现象模拟与分析的过程中，既不利于空间对象几何拓扑信息的维护，又容易产生数据冲突，降低分析计算的效率。

地下空间对象和现象都应存在几何信息、拓扑关系、属性信息和语义描述，当前地下空间对象和现象的三维建模与模拟大多局限于对几何信息的表达上，拓扑、属性和语义只是作为一个补充。如何将拓扑、几何、属性、语义等信息统一到一个数据模型中，正是本书研究的切入点。针对这一问题，本书以代数拓扑为理论依据，基于胞腔复形链实现复杂地下空间对象几何、拓扑和属性的统一表达和形式化定义，在此基础上，实现地下空间对象三维表达与分析计算统一数据模型的构建。通过本书的研究，将从理论上推进地下空间对象三维表示和分析计算技术的发展，架设3D GIS与数值模拟之间的桥梁，使之能够更好地应用于生产实践，为工程决策提供科学依据和技术支持。

1.2 研究意义

通过本书的研究，可以构建3D GIS与数值模拟的桥梁，加强学科之间的技术融合，有助于解决两者在地学分析和三维建模方面的不足，提高两者在地下空间工程应用中解决实际问题的能力。全书的研究意义在于：

(1)利用胞腔复形链可以实现对复杂地下空间对象的三维表达。基于胞腔复形链可以实现对地下空间中存在的断层、褶皱、倒转等复杂地质现象的统一表达，降低了数据结构、几何拓扑关系描述及相应算法的复杂程度，为复杂地下空间对象的三维表达与可视化提供了一种新的思路。

(2)利用胞腔复形链构建的地下空间对象三维表达与分析计算统一数据模型，有助于构建3D GIS与数值模拟之间的桥梁，进而可以增强数值模拟软件的三维建模功能，为其提供准确有效的计算模型，提高数值模拟与分析的准确性和可信度。

(3)本书的研究有助于解决3D GIS地学分析计算能力不足的问题，在增强3D GIS的三维建模和三维表达能力的同时，提高其地学分析和计算的能力。将代数拓扑中的胞腔复形链的相关理论引入地下空间对象三维表达与分析计算中，对完善3D GIS的理论、提高实际应用能力等均有着重要的意义。

1.3 国内外研究现状分析

结合研究背景和研究内容,全书从三维空间数据模型、地下空间对象分析计算方法、胞腔复形链应用这几个方面对国内外研究现状进行分析和论述。

1.3.1 三维空间数据模型研究现状

近年来,国内外众多学者围绕着地下空间对象三维建模的理论和方法,对三维空间数据模型进行了大量的研究,也取得了许多重要的研究成果[3]。由于当前地下空间对象三维模型大多是通过主观解译、数学插值或外推等手段构建,使得模型中存在许多不确定性[4],为了方便对三维模型的不确定性进行评价,提高模型的质量,建立有效的三维空间数据模型是十分必要的。

许多学者结合地质、矿山、地下空间工程等实际工程应用提出了一些三维空间数据模型。Lake 对 GML(Geography Markup Language,地理标记语言)在地质建模领域的应用方面进行了详细的总结,指出 GML 可以方便地描述地质构造、地质事件、地球物理和地球化学等地质学方面的现象[5]。刘刚、朱庆等针对大规模三维城市建模与数据库协同应用的需求,提出了顾及语义的三维空间数据模型,为地上下室内外三维空间数据的一体化组织管理奠定了基础[6-7]。吴立新等从建模对象、组成元素和拓扑描述三个方面对广义三棱柱(GTP)模型进行了修正和扩展,将地下实体划分为点、线、面和体 4 种类型,进而提出了一种基于 GTP 的地下真 3D 集成表达的实体模型[8]。朱良峰等针对城市地下空间信息三维建模和可视化分析的特点和要求,设计了面向空间结构信息和空间属性信息建模与可视化的三维空间数据模型[9]。韩李涛等针对地下空间的真三维连续特性以及建模过程的动态交互编辑与分析要求,采用面向对象思想对地下各种空间对象进行抽象描述的方法,提出了一种新的面向对象的三维地下空间矢量数据模型,为地质体的切割和地下工程体的开挖等分析提供了算法上的便利[10-11]。郑坤等为解决地上三维景观、城市三维地质等领域对三维空间数据模型的需求问题,针对拓扑关系数据模型在表达复杂的地理实体的局部更新等方面存在的困难,而面向实体的数据模型存在拓扑关系处理复杂、存储量大等缺点,设计了一个顾及拓扑面向实体的三维矢量数据模型[12];在此基础上,引入规则的概念,构建了对象语义描述、关系表达的规则库,设计了基于规则库的三维空间数据模型,实现了空间对象的自身结构和对象之间关系的统一表达[13]。张芳以城市地下空间为研究对象,从人类工程活动对地下空间影响的角度出发,提出城市地下空间的基于地理认知的空间场数字表达思想,并以此为框架,构建了城市地下空间(地质体和地下构筑物)三维数据模型[14]。王润怀针对矿山三维地质建模中存在的主要问题,以GIS和点集拓扑学基本理论为指导,对矿山地质对象的空间特征、数据来源、复杂对象拓扑关系表达、矿山地质对象数据模型构建方法进行了研究[15]。夏艳华针对目前三维地质模型难以进行力学分析,而数值模拟存在着三维建模困难的问题,提出了一种面向实时可视化和数值模拟的三维地质模型——NMTINF - BR模型,实现了对复杂地质现象可靠表达的同时,为数值模拟提供了有效的地质力学模型[2]。

为了综合面元模型便于空间目标表达和数据更新的优点,以及体元模型易于进行空间操作和分析的优点,许多学者开始尝试利用多种模型混合和集成的方式来构建新的三维空间数据模型。李清泉和李德仁对三维空间数据模型的研究与发展进行了总结,提出了三种三维空间数据模型的集成框架:用于城市三维建模的基于TIN和CSG的集成模型;用于地质、海洋等领域的基于八叉树和四面体格网的混合模型;具有一般性的矢量栅格集成的三维空间数据模型[16]。边馥苓等在分析了栅格、矢量和混合数据模型特点的基础上,提出了一种面向目标的栅格矢量一体化数据模型[17]。李建华等结合专业建模对象的构造特点及三维数据模型适用表达对象的不同特性,融合单元分解表示(CE)、构造实体几何(CSG)和边界表示(B - Reps)三种数据模型的建模思想,以及栅格模型的基本体元划分机制和数据组织方式,以不规则五面体为基本分析单元,采用面向对象方法构造模型内各类对象,提出了一种面向对象的三维矢量与栅格混合模型,实现了勘探区域三维地质剖面体的唯一性拓扑表达[18]。赵永军等针对三维空间数据模型构建中的关键技术,结合石油勘探开发工作,分析讨论了三维数据模型集成的必要性,探索了TIN与CSG、八叉树与TEN、矢量与栅格等集成数据模型的实现方法和思路,提出了在石油勘探开发应用中模型集成的适用类型及有关要求[19]。龚健雅和程朋根以地质矿山为研究背景,提出了适合地质勘探工程的矢量与栅格集成的面向对象混合数据模型,实现了复杂体对象、体对象、面对象、线对象和点对象的数据结构,并建立各个对象之间的拓扑关系[20-22]。杨林等基于面向对象的思想,在进行田野考古三维现象剖析的基础上,提出了适合考古发掘对象的矢量与栅格集成的混合数据模型[23]。张俊安等采用在二维栅格上记录关键点对来表示三维空间结构的方法,提出了一种三维矢量模型的栅格表示方法[24]。

近年来许多学者开始尝试将地下空间对象的三维表达与CAD、计算机图形、计算几何、代数拓扑学等知识相结合,为三维空间数据模型的建立提供了一个很好的借鉴思路[25-30]。M Breuning以单纯复形理论为基础,提出了一种三维GIS空间数据模型整合机制,为了验证这种整合机制的正确性和有效性,开发了GeoToolKit原型系统[31]。易善桢采用单纯复形表示地学三维目标体,将地学目标抽象表示为点、线、面和体4种类型,定义了基于地学复形的3D GIS空间数据模型[32]。陈军、郭薇根据目前三维 GIS 空间数据模型在空间实体及实体间拓扑关系的描述与表达、系统的一致性检查、数据的动态维护等方面的不足,以组合拓扑及点集拓扑理论为基础,给出了基于 k 维伪流形的三维空间实体的语义定义,提出了面向三维 GIS 的顾及空间剖分的三维拓扑空间数据模型[33-34]。张骏等针对现有典型三维空间数据模型不能很好地支持三维空间拓扑分析的问题,通过对基于 2D-realms 的空间数据模型进行三维扩展,提出了一种基于 3D-realms 的三维空间数据模型,并详细给出了该模型的基本定义、语义描述和基于该模型的三维空间对象操作方法[35-36]。袁林旺等利用共形几何代数(CGA)多维表达的统一性、几何意义的明确性及运算的坐标无关性等优势,构建了基于 CGA 的 GIS 三维空间数据模型。该模型可有效表达不同维度的复杂几何形体,且几何和拓扑关系运算具有简明、高效等特点,具备支撑三维乃至 GIS 数据模型的潜力[37-38]。周良辰在其博士论文中针对目前三维空间数据模型在三维空间实体定义及形式化描述、空间实体间拓扑关系的描述与表达、三维空间数据模型设计及三维空间分析方法等研究中存在的问题,以胞腔同调理论为基础,提出了基于胞腔复形的三维空间数据模型[39]。

上述的三维空间数据模型无论是面元、体元,还是混合元模型,其重点是描述地下空间对象的几何、拓扑信息,关注的是对地下空间对象静态几何结构的表达与可视化,没有将地下空间对象的物理属性特征统一到三维空间数据模型中,使得由此构建的三维模型在地学专业分析计算方面存在不足。

1.3.2 地下空间对象分析计算方法研究现状

空间对象三维建模已经成为计算机科学、3D GIS、岩土工程等多学科交叉领域研究的前沿和热点;同时为了进一步对人类活动(开挖、开采等)进行提前预测及考察可能产生的影响,工程师们更希望已经建立的地下对象三维模型不仅能"可视",而且根据一些数学、力学原理还能"可算",而这也是研究中的一个难点[40]。下面分别对油藏地质、矿山地质、水文地质、地面沉降等岩石力学与工程数值分析计算方法的研究现状进行分析。

数值模拟技术已经成为油藏地质和矿山地质领域重要的工具,为油气资源空间分布、矿产资源储量预测等实际问题提供了解决方法,为能源的合理开采利用提供了有效的技术支持。Xavier 将 plurigaussian 建模方法应用到油藏地质和矿山地质的三维建模与模拟中,通过综合利用钻井数据、地质剖面、地质轮廓线等对油藏地质和矿山地质的三维几何形态进行建模与模拟[41]。Feltrin 等利用 GoCAD 软件的三维结构建模和属性建模的方法,构建了金属矿体的三维模型,并应用有限差分的方法对矿体内流体流动和连带的变形进行了数值模拟分析[42]。孙立双利用相邻剖面轮廓线进行矿体三维建模，在此基础上，分别采用三维积分法和克立格法进行了储量计算研究[43]。张世明等针对复杂油藏特征，结合目前数值模拟建模的新方法，提出了在数值模拟建模过程中建立合理描述主要地质要素的控制系统，避免模型中参数分布的不合理，从而保证数值模拟地质模型能最大限度地保留油藏描述的研究成果[44]。于金彪等指出油藏地质建模与数值模拟的一体化是指数据的一体化、研究过程的一体化以及人员协作的一体化，地质建模是数值模拟的基础，而数值模拟本身又是地质建模的深化[45]。李攀在其博士论文中采用插值法对空间数据进行处理，构建了天然气三维地质模型，从三维的角度更加逼真准确地对水合物矿体进行观察和分析解释[46]。刘少华等从运筹学的角度出发，提出了基于带权线性规划的方法拟合变差函数，并对样本建立空间三维网格索引，大大简化了待插值点邻域样本的搜索过程，提高了地质三维建模过程中Kriging 属性建模的速度[47]。吕鹏在分析了三维地质建模系统中空间数据模型、数据结构等相关技术的基础上，结合隐伏矿体三维定量预测中数学地质方法的使用，建立了一套完整的基于"立方体预测模型"的隐伏矿体三维立体定量预测方法和流程[48]。

为了合理利用地下水资源、预测和防治地下水对工程建设和矿山开采的不利影响，利用水文地质定量模拟与分析技术，可以研究地下水区域性分布和形成规律，进一步指导水文地质勘查研究，为各种目的的区域地质规划提供依据。Mustapha 在进行地下水流数值模拟过程中，针对复杂地质体的表达问题，提出了一种新的地质体有限元网格生成方法。该方法通过将不同尺度、复杂的交叉剖面和地质数据统一映射到笛卡儿坐标系下的规则网格中，保证了数据的几何一致性，构建了断层和褶皱等地质构造的三维模型[49]。徐帮树扩展了现有的 GIS 水文分析和三维建模功能，实现了基于栅格数据的边坡单元自动划分和有限差分网格的自动生成；在此基础上，借鉴 SHE 模型的思想，建立了小流域滑坡水文模型，对地下水位的波动和土壤含水量的变化进行了模拟分析[50]。钟登华等针对水利水电工程地质的三维建模与分析问题，以面向对象的分类思想，提出了面向水利水电工程地质建模的以非均匀有理 B 样条结构为主、结合不规则三角网模型和边界表示结构的 3 种面表示的混合数据结构（NURBS－TIN－BRep），实现了地形类、地层类、断层类、界限类 4 类地质对象的拟合构造与几何建模，为解决地层倒转、褶皱、断层等建模难点发展了新的方法[51-52]。高正夏等结合某大型水电工程坝基存在的软弱夹层，采用数值模拟的方法模拟软弱夹层的水力梯度分布情况，以及软弱夹层与上、下两盘基岩中的水力梯度分布，为坝基防渗设计提供依据[53]。张渭军针对孔隙水文地质层空间分布的复杂性及现有地下水数值模拟中空间离散存在的问题，在分析剖面图等地质资料的基础上利用钻孔数据，对孔隙水文地质层空间上下关系进行划分[54]。陈锁忠等针对 GIS 与专业领域模型集成面临的诸多挑战，基于面向对象的结构设计方法，建立了地下水模拟概念模型和适合于地下水可视化模拟的 GIS 数据结构，并提出基于 GIS 的孔隙水文地质层不规则六面体元的三维空间离散方法，构建了数值模拟计算网格；在此基础上，根据地下水流数值模拟有关参数的空间分布特点，将参数划分为点状空间分布参数、线状空间分布参数与面状空间分布参数三种类型，利用矢量数据与栅格数据互相转换的机制，实现了地下水流数值模拟有关参数的自动提取，切实有效地进行了地下水的数值模拟[55-58]。

由于地下水、石油、天然气、矿产等资源的开采利用以及工程建设引起地面沉降给城市建设、工农业生产、人民生活等带来了极大的危害，许多学者开始利用数值分析方法对地面沉降进行模拟和预测，研究地面沉降的机理，探索有效的控制方法[59-61]。Ambro 利用人工神经网络方法进行地下开采引起的地面沉降预测，通过将构造的不同的影响函数与合适的力学模拟相结合，可以较好地对地面沉降进行模拟和预测[62]。Kumarci 利用 WTAQ 软件对地下水抽取引起的地面沉降进行了数值模拟，该方法是将有限元网格与典型岩土力学模型相结合，在给定的时间步长的情况下进行地面沉降的模拟[63]。魏加华等在分析济宁市水文地质条件的基础上，建立了准三维地下水流模型和一维地面沉降模型。他通过水力联系建立了地下水与地面沉降耦合数值模型，运用有限元法对地下水渗流场和地面沉降量进行了模拟分析[64]。贾瑞生研究了三维地层模型与沉陷预计模型的耦合模式，建立基于 DEMs - TEN 模型地表移动与变形指标的计算方法及可视化表达方法，为开采引起的沉陷预计研究提供了新的技术手段[65]。于保华等针对深部岩体的力学行为随着煤矿开采深度的增加而不断改变的情形，对深部开采引起的地表沉陷特征进行了数值模拟[66]。李红霞等针对区域性地面沉降问题，利用遗传算法对 BP 神经网络的初始权重进行优化处理，建立了地面沉降预测模型，并应用该模型进行了地面沉降的预测与分析，得到了较好的模拟效果[67]。于广明等针对岩土体本构模型的建立和力学参数难以确定等问题，采用力学推理和数学统计相结合的方法，建立了新的采水地面沉降时空预测模型。该模型可以准确地反映采水地面沉降的时空规律，能够方便、快捷地预测因地下水开采引起的地面沉降问题[68]。于芳等基于改进的 Merchant 模型和参数确定方法，实现了非线性黏 - 弹性固结模型有限元计算程序，并利用该程序对深港西部通道一线口岸软土地基沉降进行了蠕变 - 固结有限元数值分析[69]。侯卫生等讨论了基于 GIS 的城市地面沉降信息管理与预测系统的设计思路、体系结构和功能，在此基础上，提出了基于地下水抽取的地面沉降计算模型的选择原则和地面沉降数据三维模型的构建方法，为地面沉降的数值模拟与分析提供了完整的解决方案[70]。

刘振平基于 AQE 数据结构建立了 BRep 与空间分解相结合的三维地质模型。他利用该三维地质模型，且根据桩土相互作用模型，实现了基桩承载力计算与小应变的曲线模拟[40]。陈沙等运用数字图像技术，将岩土工程材料的表面图像转换为材料的真实矢量细观结构，将该细观结构与传统数值计算方法耦合来分析非均质岩土工程材料的力学性能[71]。靳晓光等以三峡库区某含软弱夹层顺层岸坡为研究对象，通过三维有限元数值模拟，研究未蓄水和蓄水至 175 m 高程时，软弱夹层对岸坡岩体应力、位移的影响以及软弱夹层的位移特征[72]。孙红月等结合大型地下硐室工程建设中现场地质调查情况和场区地勘资料，建立了能够反映研究区地貌、岩体结构的力学模型，采用非线性有限元方法模拟了地下厂房等主要硐室的开挖施工与支护过程中的围岩应力和稳定性状况[73]。邱骋等利用 GIS 技术，把传统的三维极限平衡力学模型耦合到概率统计分析框架中，对大范围自然边坡的滑坡危险度进行了定量的分析与评价[74]。纪佑军等根据隧道工程的实际施工情况和地下水渗流的基本规律，以弹塑性力学理论为基础，建立了在应力场和渗流场耦合作用下隧道开挖的数学模型，借助 Comsol 模拟了隧道开挖过程中围岩应力场及渗流场的变化规律[75]。

在地学领域也有一些学者开始尝试将地下空间对象的三维表达与数值分析进行集成，以便减小三维模型的复杂度，同时提高数值分析的效率。侯恩科等提出了利用三维地学模拟与数值模拟的耦合来简化复杂数值模拟前处理的思路，并以三维地学模拟软件 microLYNX 与数值模拟软件 RFPA 和 FLAC 的耦合为例，提出了耦合的具体模式和方法[76]。王明华等为了克服岩土工程建模与模拟研究工作中，由于数据结构的差异导致的用于岩土工程三维可视化的网格与用于数值模拟的计算网格之间存在本质差异的问题，在对层状岩体三维可视化网格与数值模拟网格的特点进行剖析的基础上，提出了基于松散模式的三维规则格网与 FLAC3D 基本元素之间的转化方法，通过两种网格的共享实现了三维地质模型与数值模拟之间的集成，从理论上实现了"可视"与"可算"的结合[77]。

李新星等将地质三维模型和数值计算模型相结合，提出一种新的岩土工程有限元建模方法（地质模型转化法）。其核心思想是将三维地质模型经过特定方式转化为符合有限元网格要求的数值计算模型。具体转化过程为：①根据计算范围对地质模型进行区域切割；②从切割模型中提取控制数据进行网格重构；③对重构模型按地层属性进行有限元的网格剖分；④将网格数据导入数值分析系统中，再使之与适合的数值分析计算模型进行集成，从而执行数值分析计算[78]。

1.3.3 胞腔复形链应用的研究现状

以上研究多是通过网格共享或转换来实现地下空间对象三维表达与数值分析的集成。由于它们没有采用统一的数据结构，这导致用于地下空间对象三维表达的网格与用于数值分析的计算网格之间存在本质的差异，仍然需要维护不同的数据网格。在 CAD 领域，许多学者已经对几何实体建模与物理特征的模拟与统一进行了研究。

Plamer 和 Shapiro 等指出在几何造型领域中几何对象(结构)与物理行为(变化因素)的关联关系占据主要的地位，同时由于缺乏统一、严格的计算模型来描述两者之间的关系，导致许多 CAD 工具软件在实际的工程设计中存在效率低下、可扩展性差的问题。因此他们将代数拓扑学中的胞腔复形相关理论引入几何造型中，提出了胞腔复形链的概念，设计了一种可以同时表达几何信息与物理属性的统一计算模型，大大提高了工程设计的效率[79]。在此基础上，Plamer 利用计算编程的方法实现了胞腔复形链的基本组成要素(胞腔、胞腔复形、k 维链等)的数据结构，并进行了基于胞腔复形链平面受力情况的有限元分析，验证了胞腔复形链在数值计算分析中应用的可行性[80]。Egli 和 Stewart 提出了基于胞腔复形链的几何拓扑单元及其对应属性的统一建模框架，并对该建模框架不断扩展，开发了较为完整的 API 接口，以此为基础，对空气、烟雾等流体的粒子运动进行了模拟[81-83]。Djado 等利用胞腔复形链提出了一种对任意三角网上粒子流速场进行模拟的新方法，并成功将其应用到交互仿真模拟中[84]。DiCarlo 等对基于胞腔复形链的计算网格生成方法进行了深入研究，指出利用胞腔复形链可以将空间对象的几何、拓扑、物理属性统一到相同的模型框架下进行描述，并尝试基于该模型框架进行几何对象的三维表达与物理行为动态模拟的研究[85-86]。Cardoze 等指出当每个胞腔(或单纯形)仅表示顶点时，胞腔复形链与胞腔复形(或称为胞腔元组)是相同的。基于该特性，他将胞腔复形链应用到高维曲面的拓扑表示中，得到了较好的效果[87]。Floriani 等基于胞腔复形提出了与维度无关的多分辨率模型。该模型的几何单元为胞腔，且一个空间对象可以描述为一个胞腔复形(一系列胞腔的集合)，通过胞腔复形几何操作算子的相关运算，实现对不同分辨率空间对象的实时描述[88]。

魏洪钦和吕瑞云分别针对 CAD/CAM 系统中几何形体拓扑结构、数据存储与转换机制等方面的问题，提出了基于胞腔复形的非流形拓扑结构理论体系，定义了几何形体的层次关系，实现了动态拓扑信息操作算子，并在 CAD/CAM 软件开发中得到了实际应用[89-90]。袁正刚在将拓扑建模方法和工程对象几何模型相结合的基础上，提出了工程 CAD 不同专业统一数据模型的体系结构[91]，贾根莲在此基础上针对工程 CAD 设计与分析计算的特点，提出了层次化结构的统一数据模型，将点线面一体化模型与描述模型属性的胞腔复形链相结合，解决了工程 CAD 设计中几何拓扑与属性的一致性描述以及物理行为的语义表达等复杂建模问题，同时统一数据模型有效地解决了不同专业之间工程对象几何拓扑和物理行为的表达以及工程设计阶段的分离等问题[92]。张金亭从代数拓扑的基本概念出发，利用对象关系方法，设计了基于时态胞腔复形的时空一体化对象模型[93]。

综上所述，当前研究存在的不足主要有：

（1）当前地下空间对象三维数据模型多是对空间对象几何信息及少量拓扑信息的描述与表达，对空间对象的物理与工程等方面的属性信息关注较少。

（2）当前的地下空间对象三维数据模型多是对空间对象静态几何结构的描述，对其行为过程的动态变化特征的研究较少。

（3）由于没有统一的数据结构，使得地下空间对象三维表达和数值分析过程需要维护不同的网格，导致大量的数据冗余，且几何连续性和拓扑一致性难以保持。

（4）因为三维网格的不同，目前地下空间对象的三维表达和分析计算过程仍然是两个独立的过程，故数值模拟分析的效率相对低下。

1.4　研究目标、研究内容及技术路线

1.4.1　研究目标

针对目前地下空间对象的三维表达和分析计算过程相互分离，而导致数据冗余、计算效率低下等问题，以代数拓扑为理论依据，研究基于胞腔复形链的地下空间对象拓扑几何要素、属性信息形式化定义及地下空间对象三维表达与分析计算统一数据模型（简称统一数据模型）的构建方法，实现地下空间对象拓扑要素、几何要素、属性信息和行为过程的统一描述。通过本书的研究，将从理论上推进地下空间对象三维表示和分析计算技术的发展，加强3D GIS分析计算的能力，使之能够更好地应用于生产实践中，为工程决策提供科学依据和技术支持。

1.4.2　研究内容

（1）基于胞腔复形链的地下空间对象的形式化定义。

基于胞腔同伦理论和胞腔同调理论，给出胞腔复形链及相关操作算子的定义；在此基础上，研究基于胞腔复形链的地下空间对象的形式化定义；基于胞腔复形链的边界和协边界算子，研究地下空间对象行为过程的定义。

（2）基于胞腔复形链的三维表达与分析计算统一数据模型的构建方法。

在完成了基于胞腔复形链的地下空间对象形式化定义的基础上，研究基于胞腔复形链的地下空间对象三维表达与分析计算统一数据模型的层次结构；基于统一数据模型的层次结构，研究其拓扑要素的描述方法；基于面向对象程序设计思想，研究统一数据模型及相关操作算子的实现方法。

（3）基于统一数据模型的三维空间分析与计算方法。

基于扩展欧拉 – 庞加莱公式，研究基于胞腔复形链的欧拉算子的实现方法；在此基础上，为了扩展统一数据模型的操作功能及增强其适用性，研究基于统一数据模型的三维表达与分析计算相关的三维点集区域查询算法、三维空间相交检测、三维空间实体间布尔运算、三维空间网格离散算法、地下空间对象模型细分光滑操作等操作算法。

（4）基于统一数据模型的盐腔围岩蠕变数值模拟与分析。

通过对研究区域基础空间数据、声纳测腔数据等数据资料的分析，研究基于统一数据模型的盐腔围岩蠕变数值计算网格构建方法；通过对蠕变机理模型的解析，研究基于胞腔复形链的蠕变机理模型重构方法；在此基础上，研究基于统一数据模型的盐腔围岩蠕变数值模拟过程的设计方法。

1.4.3　技术路线

总体技术路线如图 1.4 所示。

对以上技术路线中的主要过程描述如下：

（1）以代数拓扑中胞腔同伦理论和胞腔同调理论为依据，推导出胞腔复形链及其操作算子的定义；基于胞腔复形链，给出点状对象、线状对象、面状对象及体状对象等几何对象的定义；根据胞腔复形链的相关操作算子，推导几何对象的拓扑关系，并进行描述与表达；基于胞腔复形链，给出地下空间对象属性信息的定义，进而完成对地下空间对象的形式化定义。

（2）在完成了基于胞腔复形链的地下空间对象的形式化定义后，从地下空间对象抽象过程入手，用拓扑空间中的 p 维胞腔来描述拓扑要素，用矢量空间中的多重向量来描述属性信息（包括几何信息），利用胞腔复形链的操作算子实现两个空间的关联，构建出基于胞腔复形链的地下空间对象三维表达与分析计算统一数据模型。利用该模型可以实现地下空间对象拓扑要素、几何和属性信息的统一描述与表达。

（3）为了扩展统一数据模型的空间操作功能及增强其实用性，基于统一数据模型，设计并实现了一系列三维空间分析与计算方法。基于胞腔复形链对欧拉 – 庞加莱公式进行扩展，借助于公式中的拓扑不变量构建欧拉算子；在此基础上，设计基于凸壳法的三维点集区域查询算法，实现三维点集是否在多面体内的检测操作；然后，设计基于空间扫描策略的三维相交检测算法；进而设计三维空间实体间布尔运算操作算法；基于以上空间操作算法，可以实现复杂地下空间对象的三维建模与模拟；为了使统一数据模型能够有效地支持地学分析计算，研究了基于统一数据模型的三维空间网格离散算法；为了能够更加逼真地刻画地下空间对

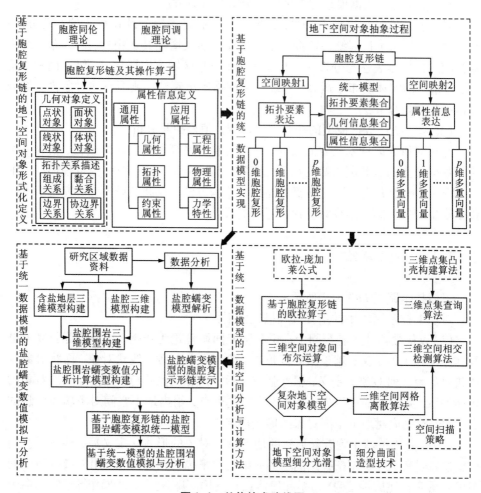

图 1.4　总体技术路线图

象，设计了基于胞腔复形链的地下空间对象模型细分光滑操作算法。

（4）为了验证统一数据模型层次结构的合理性及其相关空间操作的可靠性，进行了基于统一数据模型的盐腔围岩蠕变数值模拟与分析的研究。通过对研究区基础空间数据、声纳测腔数据等数据资料的分析，分别构建了含盐地层三维模型和盐腔三维模型。对两空间对象的三维模型执行布尔运算操作，构建盐腔围岩三维模型；对该三维模型执行三维空间网格离散操作，构建基于统一数据模型的盐腔围岩蠕变数值分析计算模型，实现盐腔围岩空间对象几何、拓扑、属性信息的统一表达。基于胞腔复形链，实现常用力学元件的表达；通过对胞腔复形链的操作运算，实现不同蠕变机理模型的解析与重构，进而构建基于胞腔复形链的盐腔

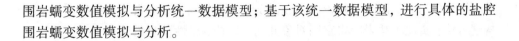

围岩蠕变数值模拟与分析统一数据模型；基于该统一数据模型，进行具体的盐腔围岩蠕变数值模拟与分析。

1.5 结构与内容安排

本书共分为 6 章，各章的内容安排如下：

第 1 章绪论，介绍本书的研究背景和研究意义，并对国内外三维空间数据模型、地下空间对象分析计算方法和胞腔复形链应用三个方面的研究现状进行全面总结和分析，指出当前地下空间对象三维表达与分析计算研究中存在的几个主要问题；介绍全书的研究目标、研究内容、技术路线和拟解决的关键问题等内容。

第 2 章基于胞腔复形链的地下空间对象形式化定义：地下空间对象的形式化定义是对其进行三维表达与分析计算研究的基础，是设计三维空间数据模型的前提。为此，本章在介绍了代数拓扑的相关理论的基础上，从单纯同调理论扩展到胞腔同调理论，指出了胞腔复形链是代数拓扑中一个很重要的知识内容，进而详细阐述了胞腔复形链的基本概念和相关操作算子。在此基础上，给出了地下空间对象的形式化定义，对与其动态行为过程相关的物理量的变化特征进行了描述与表达，力求为后续构建地下空间对象三维表达与分析计算统一数据模型奠定理论基础。

第 3 章地下空间对象三维表达与分析计算统一数据模型：在完成了地下空间对象形式化定义的基础上，本书第 3 章从地下空间对象的抽象过程入手，基于代数拓扑学的相关理论，研究了基于胞腔复形链的地下空间对象三维表达与分析计算统一数据模型的层次结构及其实现方法。最后，给出了基于统一数据模型的复杂地质现象三维表达、地下空间对象属性信息空间分布特征表达及动态行为过程表达的具体实现方式。

第 4 章基于统一数据模型的三维空间分析与计算方法：本章主要对构建的基于胞腔复形链的地下空间对象三维表达与分析计算统一数据模型的相关分析计算方法进行了研究。首先，基于胞腔复形链对欧拉 – 庞加莱公式进行了扩展，并基于其 6 个拓扑不变量设计了 10 对欧拉算子；在此基础上，实现了基于统一数据模型的三维点集区域查询算法、三维空间相交检测算法、三维空间实体间布尔运算、三维空间网格离散及地下空间对象模型细分光滑等操作算法。通过这些分析计算方法的实现，完善了该统一数据模型的功能操作，增强了其实用性。

第 5 章基于统一数据模型的盐腔围岩蠕变数值模拟与分析：本章借助于本书构建的基于胞腔复形链的三维表达与分析计算统一数据模型及相关空间操作，以盐腔围岩蠕变数值模拟与分析为例，对统一数据模型层次结构的合理性及相关空间操作的可靠性进行了实例验证。通过对研究区基础空间数据、声纳测腔数据等数据资料的分析，研究了基于统一数据模型的盐腔围岩蠕变数值分析计算模型的构建方法，实现了盐岩围岩空间对象几何、拓扑、属性信息的统一表达；基于胞腔复形链对常用的力学元件进行了表达，构建了基本模型元件，通过对胞腔复形链的运算，实现了不同机理模型的重构；在此基础上，进行了基于统一数据模型的盐腔围岩蠕变数值模拟，并对数值计算的结果进行了分析。

第 6 章结论与展望：对全书的研究工作进行了综述，总结了全书的研究成果与创新之处，并展望了作者的下一步研究方向。

第 2 章　基于胞腔复形链的地下空间对象形式化定义

本章将主要介绍代数拓扑的相关理论，将地下空间对象代数拓扑描述方法从单纯同调理论扩展到胞腔同调理论，指出胞腔复形链是代数拓扑中一个很重要的知识内容，进而详细阐述胞腔复形链的基本概念和相关操作算子。在此基础上，给出了地下空间对象的形式化定义，对其与动态行为过程相关的物理量的变化特征进行了描述与表达，为后面章节构建地下空间对象三维表达与分析计算统一数据模型奠定理论基础。

2.1　代数拓扑及其在地下空间对象建模与分析中的应用

代数拓扑(algebraic topology)是使用抽象代数的工具来研究拓扑空间的数学分支。

拓扑学的一个基本问题是确定两个空间是否同胚。为说明两个空间是同胚的，就要构造一个空间映射到另一个空间的连续双射，而且它的逆也必须是连续的。要说明两个空间不同胚，则必须证明这样的映射不存在，但要做到这一点往往是更困难的。要确定两个空间是否同胚，通常的做法是找出某种拓扑性质(在同胚下不变的性质)——它被一个空间满足而不被另一个空间满足。而现在应用于代数拓扑的基本方法是通过代数不变量，把空间映射到不变量上。

实现代数拓扑的两种主要方法是通过基本群(或者更一般的同调理论)和同调及上同调群。基本群主要是关于拓扑空间结构基本信息的描述，是非交换的，难于使用。同调及上同调群是可交换群，且在许多重要情形下是有限生成的，易于使用。

同调理论是代数拓扑中最基本的组成部分之一，自庞加莱奠定了拓扑学的基础以来，同调论就一直被视为代数拓扑方法的基础之一。在同调论中，拓扑空间对应着一系列的变换群，称为它的同调群；连续映射对应着空间的同调群之间的同态。它们具有拓扑不变性和同伦不变性，从而深入地反映了空间的拓扑性质。

代数拓扑中存在多种同调论，其中包括单纯同调理论与胞腔同调理论等。单纯同调理论所适用的空间是指用各种维数的单纯形所构造的空间；胞腔同调理论所适用的空间是指有各种维数的胞腔所构造的空间。

基于代数拓扑的相关理论对地下空间对象进行分类，并定义其上的语义概念、相互关系及操作集合，是将地下空间对象抽象为信息结构，实现其三维表达与分析计算的前提。地下空间对象的拓扑性质是拓扑空间中，拓扑变换下的拓扑不变量。它一方面反映了地下空间对象间的几何关系，为地下空间对象的形式化描述奠定基础，进而指导空间数据结构及操作的实现；另一方面，它也是地下空间对象的一种约束，是实现空间数据库的基础。

许多学者已经对代数拓扑学在三维空间数据模型构建的应用方法上进行了探索性的研究。陈军、郭薇以单纯同调理论为基础，以单纯形为空间基本单元，提出了基于 k 维伪流形的三维空间实体语义概念的严格定义，在此基础上，对三维空间实体的可空间剖分性、可定向性、连通性及同一性等拓扑性质进行了分析。但该定义所基于的单纯同调理论限制的空间基本单元必须是三角形、四面体等单纯形对象，在实际应用中和领域模型存在脱节现象，并且该模型主要是关注空间对象的三维表达，对空间对象属性信息的表达能力有限，不能支持相关的分析计算。

2.2 基于代数拓扑的胞腔复形链模型

本节由单纯形和单纯复形的单纯同调理论，扩展到胞腔和胞腔复形的胞腔同调理论，在此基础上给出了胞腔复形链的定义，并详细阐述了胞腔复形链相关操作算子的定义和功能，为基于胞腔复形链的地下空间对象及其行为过程的形式化定义提供了理论依据。

2.2.1 单纯形与单纯复形

定义 2.1 单纯形(simplex)：令 $\{a_0, a_1, \cdots, a_n\}$ 表示 $\boldsymbol{R}^N$ 中一个几何独立集（比如一组线性无关的向量），则由 $a_0, a_1, \cdots, a_n$ 构成的 n 维单纯形 σ 是 $\boldsymbol{R}^N$ 中所有满足下列条件的点的集合：

$$x = \sum_{i=0}^{n} t_i a_i \qquad (2.1)$$

其中：$\sum_{i=0}^{n} t_i = 1$。对于所有 i，$t_i \geq 0$，各个数值的 t_i 都由 x 唯一确定。

单纯形是代数拓扑中最基本的概念之一。由定义 2.1 可以得出单纯形的一个重要性质,即 n 维单纯形 σ 是所有连接 a_0 与由 a_1,$\cdots$,a_n 构成的单纯形 s 上的线段端点的并集,且单纯形 s 中任意两条线段只在 a_0 点相交。

在图 2.1 中,0 维单纯形代表点;1 维单纯形代表线段;2 维单纯形代表三角形或四边形;3 维单纯形代表四面体或六面体。

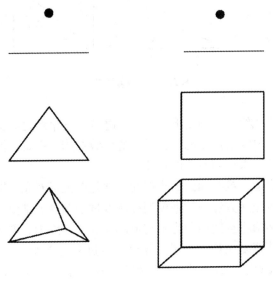

图 2.1　单纯形示例

在实际工程应用中,人们希望能够把所研究的空间(对象)剖分成许多个小的单纯形,要求任何两个相邻的单纯形相交的公共部分仍是一个单纯形,这种剖分称为单纯剖分。单纯剖分是研究代数拓扑的基本手段,由此可以构造一系列拓扑不变量,如欧拉示性数。它是研究同调论的基本工具。

定义 2.2　单纯复形(simplicial complex):R^N 中的一个单纯复形 K 是 R^N 中单纯形的集合,并且满足下列条件:

(1)K 中的单纯形的每一个面都在 K 中。

(2)K 的任何两个单纯形的交集是它们之中每个单纯形的面,即 K 的每一对不同的单纯形,其内部不相交。

由单纯复形的定义可知,代数拓扑是通过把一般的空间对象和较简单的空间对象按规定方式对应起来,以此简化复杂空间对象的拓扑(定性的)研究。因而,1 维单纯形代表的线段,可以看成由 0 维单纯形组合成的 1 维单纯复形;2 维单纯形代表的三角形可以看成 1 维单纯形组合成的 2 维单纯复形;同样 3 维单纯形四面体也可以看成 2 维单纯形组合而成的 3 维单纯复形,更高维的单纯复形也可以用 2 维单纯形三角形构成。这些三角形必须用一定的方式,即只能在顶点或沿着它们的整个边界相合而拼接在一起。图2.2给出了单纯复形的两个实例。

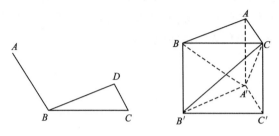

图2.2　单纯复形实例

用代数方法研究给定单纯复形的定点、边界与三角形之间的关系，可以得到刻画这些三角形在单纯复形中的拓扑排列的代数结构，从而也就刻画了这个单纯复形所赖以构成的原来空间对象的拓扑。

由于限制了描述三维空间的最小单元必须是单纯形对象，导致基于单纯形理论的三维空间实体定义方法与数据模型存在着过于僵硬的缺陷。采用该理论描述三维空间对象时必须将空间离散为单纯形对象。这是因为，离散算法尤其是四面体离散算法不仅计算复杂耗时，还会导致产生过多的单元，使得存储负担增加。此外，和应用领域所采用的领域数据模型脱节也是基于单纯同调理论的三维空间实体定义与空间数据模型的不足。

2.2.2　胞腔与胞腔复形

在代数拓扑历史上最先研究的是单纯形和单纯复形，其空间剖分（构成）的基本单元必须是单纯形，其建立同调群的方式称为单纯同调理论。后来为了提高空间描述的灵活性，使用更多的是胞腔和胞腔复形，其空间剖分（构成）的基本单元是胞腔，建立同调群的方式称为胞腔同调理论。在进行空间描述时，胞腔复形比单纯复形更灵活，剖分所需的胞腔个数少，计算方便。

1933年，C Ehresmann 为了计算格拉斯曼流形的同调，采用了胞腔剖分。J H Whitehead 于1941年提出"薄膜复形"（membrane complex），1949年，"薄膜复形"改称为 CW 复形，意思是"闭包有限并且具有弱拓扑的复形"（closure finite complex with weak topology）。因此胞腔复形又被称为 CW 复形。

定义2.3　如果拓扑空间 Y 同胚于 q 维实心球 D^q，则将 Y 称为一个 q 维闭胞腔。如果拓扑空间 Y 同胚于 q 维开实心球 $\mathrm{Int}D^q := D^q - S^{q-1}$，则将 Y 称为一个 q 维胞腔。

为了便于利用胞腔同调理论进行拓扑空间的剖分和相关的空间计算，需要给出胞腔边界的定义。

定义 2.4　n 维胞腔 c 的边界是一个集合 $\partial(c) = \{x \mid \| h(x) \|_2 = 1\}$，其中 h 是关于 c 的同胚映射。

胞腔及其边界的定义是关系到拓扑空间剖分灵活性的重要因素，通过这些定义可以方便地对拓扑空间进行不同形式的剖分。

定义 2.5　Hausdorff 空间 X 上的一个胞腔剖分或 CW 剖分是指把 X 分解为互不相交的子集 $\{e_i^q\}$ 的并集（对于每个维数满足 $q \geq 0$），使得：

（1）每个 e_i^q 是一个 q 维胞腔，且存在连续映射 $\varphi_i^q : D^q \rightarrow X$ 把 $\mathrm{Int}D^q$ 同胚映射为 e_i^q，这个 φ_i^q 称为 e_i^q 的特征映射，只要求存在，不要求唯一；

（2）胞腔 e_i^q 的边缘 $\dot{e}_i^q := \bar{e}_i^q - e_i^q$ 上的每一点都属于低于 q 维的胞腔；

如果胞腔的个数是无限的，则还要求满足如下两个条件：

（3）闭包有限（closure finite），每个胞腔 e_i^q 的闭包只与有限个胞腔相交；

（4）弱拓扑（weak fopology），X 的任意子集 F 是闭集，当且仅当对于每个胞腔 e_i^q，交集 $F \cap \bar{e}_i^q$ 都是紧致的。

确定了胞腔剖分的空间，称为胞腔复形或 CW（闭包有限和弱拓扑两个条件的英文首字母的缩写）复形。其胞腔的最大维数称为这个胞腔复形的维数；如果没有最大的维数，则该胞腔复形是无限维的。如果构成胞腔复形的胞腔总数是有限的，则该胞腔复形称为有限胞腔复形，此时拓扑空间 X 是一个紧致的 Hausdorff 空间。

总结定义 2.5 的内容，可以将胞腔复形看成满足一定条件的一系列胞腔的集合，因此其定义可以进行简化，如下所述。

定义 2.6　胞腔复形 K 也可以看作满足以下两个条件的胞腔的集合：

（1）集合中每个 n 维胞腔的边界是 K 中有限个 $(n-1)$ 维胞腔的集合（即 K: $\partial(c) = \cup_j c_j$）。

（2）K 中任何两个胞腔 c_i、c_j 的交集要么为空，要么是 K 中一个唯一的胞腔。

根据这个定义，图 2.3 所示示例是一个有效的 3 维胞腔复形，而图 2.4 示例因为 2 维胞腔 C_1^2、C_2^2 的交集不唯一，所以是一个无效的 2 维胞腔复形。

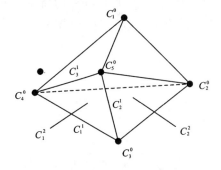

图 2.3　有效的 3 维胞腔复形示例

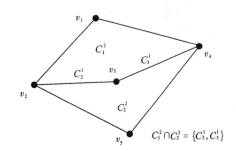

图 2.4　无效的 2 维胞腔复形示例

有了以上的定义，如果一个拓扑空间 R 等于一个胞腔复形 K 中所有胞腔的并集，那么这个胞腔复形 K 便实现了对拓扑空间 R 的胞腔剖分。空间（胞腔）剖分是进行地学对象实体建模和空间计算的关键算法，同样也是对地学现象和过程进行模拟与分析的重要技术手段，如有限元、有限差分和网络分析等方法的前处理过程都需要进行空间剖分。

当用一个胞腔复形 K 对拓扑空间 R 进行胞腔剖分时，R 中的每个点都应包含在 K 中最低维的胞腔中（即 0 维胞腔）。这也满足定义 2.6 中的条件（2）。在这样的条件约束下，通过胞腔剖分构建的地下空间对象不仅具有良好的代数拓扑性质，还增强了地下空间对象几何、拓扑、属性信息之间的联系，是构建地下空间对象三维表达和分析计算统一数据模型的关键。

定义 2.7　n 维胞腔 $c(c \in K)$ 的面，是指胞腔复形 K 中组成 c 边界的所有 $(n-1)$ 维胞腔。如果 $(n-1)$ 维胞腔 f 是 c 的一个面，那么 c 就是 f 的反面。因此，n 维胞腔 c_i 的反面就是所有以 c_i 为一个面的 $(n+1)$ 维胞腔的集合。

由定义 2.7 可知，利用胞腔间面与反面的关系，就可以确定胞腔复形中所有胞腔间的黏合关系。

在许多工程应用中，特别是本书对地下空间对象三维表达和分析计算的研究中，需要指定每个胞腔的方向，这也是胞腔复形链基本算子（如边界算子和协边界算子）实现的基础条件之一。为了表达和计算的方便，本书采用相对定向的方法来实现胞腔复形 K 中胞腔的定向。

定义 2.8　有向胞腔，是一个关系对 $c = (u, o)$，其中 u 是一个非定向的胞腔，$o \in \{1, -1\}$。

根据定义 2.8 可知，1 维胞腔的方向用一个带方向的箭头来表示，2 维胞腔的方向用逆时针和顺时针来表示。

用符号变量 $\sigma(c_i, c_j)$ 表示一个有向胞腔 $c_i = (u_i, o_i)$ 及其面 $c_j = (u_j, o_j)$ 之间的方向关系。根据有向胞腔的定义可以得出 $\sigma(c_i, c_j) = o_i o_j$，并且其取值为 1 或者 -1。因此，方向关系实际上是定义了胞腔复形中 p 维胞腔和 $(p-1)$ 维胞腔间的映射关系，如果 $\sigma(c_i, c_j) = 1$，则胞腔 c_i 和 c_j 的方向一致。图 2.5 显示了 3 维胞腔的相对定向过程。

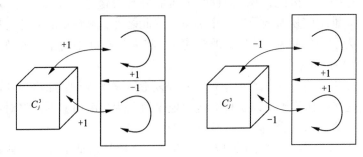

图 2.5　3 维胞腔的相对定向过程

2.2.3　胞腔复形链

胞腔和胞腔复形理论提供了拓扑空间剖分的数学机制，将空间剖分成一系列简单区域(单元)，并建立了各个空间单元之间的拓扑关系描述结构。在此基础上，利用胞腔复形链可实现对这些区域上不同物理量(属性)分布情况的表达。因此，胞腔复形链是定义在胞腔剖分基础上的。

在代数拓扑中，从拓扑空间构造同调群，其中间环节是通过链来实现的。

定义 2.9　代数拓扑中链的定义。一个 p 维链是指从复形 K 的定向 p 维单形集到整数集的映射 f^p，使得每个 p 维单纯形 σ_k^p 都满足条件：$f^p(-\sigma_k^p) = -f^p(+\sigma_k^p)$。

根据代数拓扑中链的定义，结合胞腔复形及胞腔剖分的概念，提出了胞腔复形链的概念。

定义 2.10　胞腔复形链是定义在胞腔复形 K 的 p 维胞腔集合和矢量空间 G 上系数集合累加求和的形式：

$$\sum_i g_i c_i^p \tag{2.2}$$

其中：c_i^p 是胞腔复形 K 中的 p 维胞腔，系数 $g_i \in G$。

本书中用符号变量 $\mathrm{Ch}(c_i^p)$ 表示与胞腔复形 K 中每个 p 维胞腔 c_i^p 关联的交换系数值。p 维胞腔复形链可以看成胞腔复形 K 中 p 维胞腔与区域元素属性(物理量)之间的映射，通过胞腔复形链可以将矢量空间集合 G 中的元素关联到对应的胞腔。

集合 G 中的元素代表空间对象拓扑单元(本书中即为胞腔)的物理量(如质量、位移、速度等)，其类型可以是数值、向量、RGB 颜色、多项式，甚至可以是一系列胞腔的集合。

胞腔复形链有许多良好的计算特性。从代数的角度来讲，由给定的胞腔复形 K 及一系列系数组成的矢量空间 G 构成的 p 维胞腔复形链 $\mathrm{Ch}(K, G, p)$，可以进行所有的矢量操作。因此，可以对两个 p 维胞腔复形链进行相加、相乘操作，也可以将一个 p 维胞腔复形链乘以一个标量。除此之外，胞腔复形链还支持代数拓扑的操作。为了简便起见，在后面的描述中，将矢量空间中的集合 G 隐藏，则胞腔复形链表示为 $\mathrm{Ch}^p(K)$。

代数拓扑中的许多操作算子是基于胞腔复形链来实现的，如边界和协边界算子等，利用这些操作算子可以实现对地学规律的表达与运用。下面将对主要的胞腔复形链操作算子进行介绍。

定义 2.11 边界算子 ∂^p: $\mathrm{Ch}^p(K) \rightarrow \mathrm{Ch}^{p-1}(K)$ 最开始是定义在单纯复形之上的，如果用 σ^p 表示一个 p 维单纯复形 $p-\mathrm{simplex}$，则 σ^p 的边界算子可以用以下公式进行描述：

$$\partial^p \sigma^p := \sum_{k=0}^{p} (-1)^k \sigma_k^{p-1} \qquad (2.3)$$

其中：σ_k^{p-1} 表示 p 维单纯复形 σ^p 的第 k 个面（单纯复形的面可以参照定义 2.7 中胞腔的面来理解）。在此基础上，将单纯复形扩展到胞腔复形，并假设边界算子是累加的，则胞腔复形链的边界算子可以表示为：

$$\partial^p (g\sigma) := g(\partial^p \sigma) \qquad (2.4)$$

需要指出的是，这个代数拓扑的操作是基于 p 维胞腔复形链生成 $(p-1)$ 胞腔复形链的过程，与空间对象的几何边界不同。这两者存在一定的联系，即几何边界可以看成胞腔复形链边界算子的一个特殊情况。

胞腔复形链边界算子的具体实现将在后续内容中详细阐述。

定义 2.12 协边界算子 δ^p 是边界算子的对偶算子 ∂^{p+1}: $\mathrm{Ch}^{p+1}(K) \rightarrow \mathrm{Ch}^p(K)$，因此协边界算子又可以表示为：

$$\delta^p: \mathrm{Ch}^p(K) \rightarrow \mathrm{Ch}^{p+1}(K) \qquad (2.5)$$

因此，如果 $\gamma \in \mathrm{Ch}^p$，$\eta \in \mathrm{Ch}^{p+1}$，则会有以下公式成立：

$$<\delta^p \gamma, \eta> = <\gamma, \partial^{p+1}\eta> \qquad (2.6)$$

由此可知，对于每个 p 维胞腔 $c_i^p (c_i^p \in K)$，p 维胞腔复形链的边界算子可以视为以 c_i^p 为一个面的所有 $(p+1)$ 维胞腔的有序累加，而协边界算子可以视为构成 c_i^p 面的所有 $(p-1)$ 维胞腔的有序累加。图 2.6 给出了 2 维胞腔复形链上边界操作算子的应用示例。图 2.6 中用直线箭头表示了 1 维胞腔的方向，圆形箭头表示了 2 维胞腔的方向，并给出了 2 维胞腔的某个属性值，曲线形箭头（除圆弧形外）表示了如何利用边界算子通过 2 维胞腔的属性值推算出其面（1 维胞腔）的属性值。

图 2.7 给出了 1 维胞腔复形链上应用协边界算子的示例。图 2.7 中曲线形箭头表示了如何利用协边界算子由 1 维胞腔的属性值推算出其反面（2 维胞腔）值的过程。

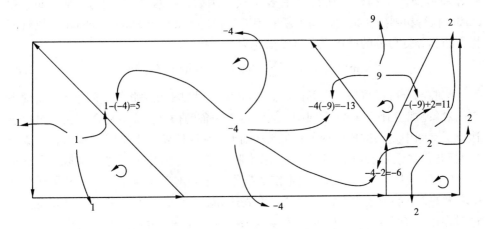

图 2.6   2 维胞腔复形链上边界操作算子应用示例

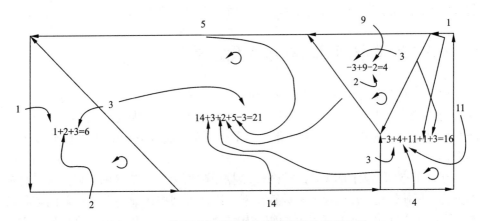

图 2.7   1 维胞腔复形链上协边界算子的应用示例

因为胞腔复形链 $\mathrm{Ch}(K, G, p)$ 可以构成一个基于集合 G 的矢量空间，因此所有定义在 G 中元素上的操作函数 fun 都可以通过将其当作胞腔的系数，扩展到胞腔复形链上进行应用。本书中将这些从集合 G 中元素上扩展到胞腔复形链上的操作函数称为操作函子，下面将给出其公式的描述。

定义 2.13   给定一个矢量空间的函数操作 fun：$G - > S$ 和一个胞腔复形链 $\mathrm{chain} = \sum_i g_i c_i^p$，则操作函子可以定义为：

$$\mathrm{fun}(\mathrm{chain}) = \sum_i \mathrm{fun}(g_i) c_i^p \tag{2.7}$$

由操作函子的定义可知，可以通过对胞腔复形链中的元素进行加、减、乘、除等基本操作来构建分析计算的表达式。例如，对两个胞腔复形链 chain_A 和 chain_B 执行相乘操作来构造一个新的胞腔复形链 $\text{chain}_N = \text{chain}_A \times \text{chain}_B$，执行该操作的胞腔复形链的操作函子可以描述为：

$$\text{fun}(\text{chain}) = \sum_i \text{chain}_A(c_i^p)\,\text{chain}_B(c_i^p)\,c_i^p \tag{2.8}$$

胞腔剖分可以将地下空间（对象）剖分为一系列相互关联的空间单元，将地下空间对象映射到代数拓扑空间中，从而建立完备的拓扑关系。胞腔复形，可以表达地下空间中复杂的地质现象；在此基础上，它还能将地下空间对象的属性集合（包括几何属性）构成的矢量空间，用胞腔复形链与拓扑单元进行关联，实现拓扑、几何、属性的统一。胞腔复形链的操作算子是定义在胞腔复形 K 和矢量空间 G 之上的，它们为地下空间对象的三维表达和分析计算提供了有效的工具集，通过对操作算子的组合使用，可以实现复杂的空间计算和分析模型的构建。

利用胞腔复形链进行地下空间对象三维表达与分析计算统一数据模型的构建，可以在较高层次上实现信息的抽象。它是通过把几何、拓扑和物理属性关联起来以实现与地下空间对象相关的地学现象和行为过程的统一描述。

2.3　地下空间对象的形式化定义

地下空间对象是指在一定的时间和空间下，满足特定地学规律分布的属性要素（几何、拓扑、物理等属性）的集合。基于以上关于胞腔复形链的描述，地下空间对象可以表示为在一定的时间和空间下，定义在胞腔复形 K 上的胞腔复形链集合。

在地下空间对象的建模与分析中，根据模型所表达的信息的不同，可以将模型分为：拓扑模型、几何模型和计算模型。拓扑模型描述地下空间对象的拓扑信息，侧重于空间单元连接关系和组织结构的描述与表达。几何模型描述地下空间对象的几何信息（主要是位置和形状等属性），侧重于几何信息的处理和计算机显示。计算模型是描述地下空间对象行为过程中相关属性信息的时空分布情况，是机理过程的抽象表达。

本书考虑的地下空间对象的几何信息与属性信息可以统一描述为矢量空间下的 k 维向量（0 维向量即标量），而拓扑信息是用代数拓扑空间中的胞腔复形来进行表达，用胞腔复形链实现两个空间基本要素的关联，最终实现对地下空间对象几何、拓扑、属性信息的统一描述与表达。

下面分别从拓扑空间和矢量空间两个角度对地下空间对象的拓扑要素、几何要素和属性要素进行定义和描述。

2.3.1　几何对象的定义

由乌利松维数定义可知，三维空间对象由维数小于或等于 3 的对象组成，因此几何空间对象可以划分为四种类型：点状对象、线状对象、面状对象、体状对象。

（1）点状对象

拓扑空间中的点状对象为 0 维胞腔，其边界为空。多个点组成的点集对应于 0 维胞腔复形对象。点状对象可以形式化表达为：

$$0 - \text{Cell} = V = (x, y, z)$$
$$0 - \text{Cell Complex} = \{V_0, V_1, \cdots, V_n\} \tag{2.9}$$

（2）线状对象

拓扑空间中线状对象为可定向的 1 维胞腔，其边界为 0 维胞腔，即点状要素。简单的线对应于 1 维胞腔，以两个 0 维胞腔为边界，而其内部可以为直线，也可以为参数曲线。因此，基于胞腔同调理论的线状对象的定义既支持直线段的表达，也可以支持参数曲线的表达。多个线状实体的集合为 1 维胞腔复形。线状对象可以形式化定义为

$$1 - \text{Cell} = \text{L} = \{<V_0, V_1>, <V_1, V_2>, \cdots, <V_{n-1}, V_n>\}$$
$$1 - \text{Cell Complex} = \{L_0, L_1, \cdots, L_n\} \tag{2.10}$$

（3）面状对象

拓扑空间中面状对象为可定向 2 维胞腔，其边界为 1 维胞腔构成的环（loop），其内部可以为平面，也可以为参数曲面。因此，基于胞腔同调理论的拓扑空间面状对象既支持平面对象的定义，也支持曲面对象的定义。面状对象的边界允许存在多个（一个外边界，多个内边界），可形成带洞的面状对象。多个面状对象构成的集合为 2 维胞腔复形对象，如图 2.8 所示。面状对象可以形式化定义为

$$\text{Loop} = \{V_0, V_1, \cdots, V_n, V_0\}$$
$$2 - \text{Cell} = \text{P} = \{\text{Loop}_{\text{out}}, \text{Loop}_{\text{inner0}}, \text{Loop}_{\text{inner1}}, \cdots, \text{Loop}_{\text{inner}n}\} \tag{2.11}$$
$$2 - \text{Cell Complex} = \{P_0, P_1, \cdots, P_n\}$$

（4）体状对象

拓扑空间中体状对象为可定向 3 维胞腔，其边界为 2 维胞腔构成的壳（shell），如图 2.9 所示。一个 3 维胞腔可以允许有多个 2 维胞腔构成的边界，即一个外边界，若干个内边界，从而形成带洞的多面体。多个面状对象构成的集合为 3 维胞腔复形。体状对象可以形式化定义为：

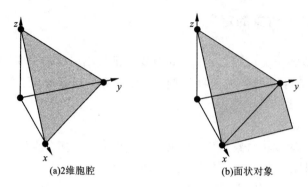

(a)2维胞腔　　　　　　(b)面状对象

图2.8　2维胞腔与面状对象

$$\text{Shell} = \{P_0, P_1, \cdots, P_n\}$$
$$3 - \text{Cell} = \text{Volume} = \{\text{Shell}_{out}, \text{Shell}_{inner0}, \text{Shell}_{inner1}, \cdots, \text{Shell}_{innern}\} \quad (2.12)$$
$$3 - \text{Cell Complex} = \{\text{Volume}_0, \text{Volume}_1, \cdots, \text{Volume}_n\}$$

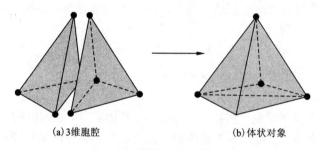

(a)3维胞腔　　　　　　(b)体状对象

图2.9　3维胞腔与体状对象

（5）混合维对象

在拓扑空间中还存在着一类无法归结为以上四种类型的空间对象，这类对象往往由不同维度的对象混合构成，如图2.10所示：

图2.10所示为由线状对象、面状对象和体状对象构成的一个混合维对象。对于这类混合维的对象，以其最高维度 N，定义为一个 N 维胞腔复形对象。显然，对于三维GIS所研究的三维空间，有 $0 \leqslant N \leqslant 3$。$N$ 维胞腔复形可以定义为：

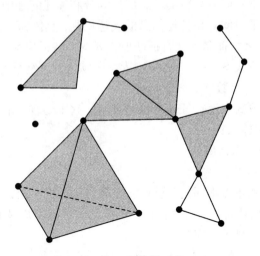

图 2.10　混合维对象

$$\text{Cell Complex}^N = \cup \{C^N\}, \text{ 如果 } C_0^N, C_1^N \in \{C^N\}, \text{ 则 } C_0^N \cap C_1^N = \varnothing \quad (2.13)$$

N 维胞腔复形对象可以兼容表达点、线、面和体状对象，因此由于 N 维胞腔复形对象可以抽象地定义拓扑空间各类实体对象，故它可以为后续地下空间对象三维表达与分析计算统一数据模型的结构设计与实现提供基础。

2.3.2　特征信息的定义

空间对象的特征信息是具有独立语义的单元，包括特征名、特征值及其获取方式。对于不同的研究领域，空间对象包含的特征也各不相同。就地下空间对象而言，其包含的特征主要有以下几种，如图 2.11 所示。

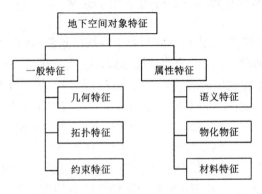

图 2.11　地下空间对象特征层次划分

在以上关于地下空间对象特征信息层次划分和描述的基础上，本书实现了基于胞腔复形链对地下空间对象特征信息的表达机制，具体如下：

<特征>：：=<特征名><特征获取方式><特征值>

<特征值获取方式>：：=<用户输入><默认><继承>

<特征值>：：=<数值><表达式>

特征值的获取方式表示特征值的操作类型。它主要有以下三种形式：

（1）input：用户输入；

（2）default：来自默认值；

（3）inherit：继承上层特征。

由于考虑问题侧重点不同，空间对象表现的特征也不同，这些特征不仅包括一般的几何特征、拓扑特征、约束特征，还包括属性特征以及其他特征。因此空间对象特征组成的模型可以定义为：

$$M = M_{GT} \otimes M_C \otimes M_{A_1} \otimes M_{A_2} \otimes \cdots \otimes M_{A_n}$$

符号$\otimes$表示空间对象是由单个特征合成的，M_{GT}表示空间对象的几何特征和拓扑特征，M_C表示空间对象的约束特征，M_{A_n}表示空间对象的其他特征，这些特征与空间对象相关并通过不同过程反映出来，例如空间对象的物化特征是通过物理(化学反应)过程表现出来的，这些属性特征包括温度、速度、张力等。

空间对象的所有特征中，几何特征和拓扑特征是基础，其他特征都可以转换为几何特征和拓扑特征的函数，这个转换过程可以用下面的特征形式化公式进行描述：

$$M = M_{GT} \otimes M_C(M_{GT}) \otimes M_{A_1}(M_{GT}) \otimes M_{A_2}(M_{GT}) \otimes \cdots \otimes M_{A_n}(M_{GT}) \quad (2.14)$$

式(2.14)说明空间对象可以看成是由几何特征、拓扑特征和其他特征组合而成的。

2.4 地下空间对象行为过程的定义

如果将胞腔复形链引入到地下空间对象特征信息分布情况的表达与模拟过程中，则可以将地学规律(本书中的地学规律包括了能量守恒、运动定律、力学定律等相关定律)作为胞腔复形链的约束要素来进行使用。基于以上胞腔复形链相关理论及操作算子的描述，可以对地下空间对象行为过程做如下的定义：

定义2.14 地下空间对象行为过程$UB(CE)$是满足下面公式的一个集合：

$$UB(CE) = \{(CH, CE_i) \mid CE_i \Rightarrow CE\} \quad (2.15)$$

其中：CH是定义在一个胞腔复形K(代表一定时间和空间下的地下空间对象)上的所有胞腔复形链集合；CE表示胞腔复形链上所有约束要素的集合。

根据以上描述可知，在对地下空间对象动态行为过程的表达与分析计算中，对相关属性特征(包括位移、受力、惯性矩等)分布情况和变化规律的描述是分析计算的一个重要问题。将这些属性信息对应于各种维数的胞腔复形链,则这些胞腔复形链组成的集合可表示为:Chains = {K, d, rd, sf, bf, mf, ……},其中 K 指的是地下空间对象的胞腔复形;u, ud, sf, bf, mf 等对应于表达属性特征的不同维数的胞腔复形链,具体描述如下:

(1)位移(displacement),是一个 0 维的胞腔复形链,用 d 表示。它表示 0 维胞腔从初始状态开始所做的移动。

(2)相对位移(relative displacement),是一个 1 维胞腔复形链,用 rd 表示。它表示 K 中 1 维胞腔沿 d 向力矩的变化。

(3)面应力(surface force),是 2 维胞腔复形链,用 sf 表示。它表示力通过 K 中 2 维胞腔作用的结果,反映了地下空间对象三维模型中局部相邻的胞腔之间的作用力。sf 的区域是一个 6 维矢量空间,表示作用在地下空间对象模型上力的位移和力矩。

(4)体应力(body force),是一个 3 维胞腔复形链,用 bf 表示。它表示 K 上 3 维胞腔的应力。bf 的区域也是一个 6 维的矢量空间。

(5)力矩(moment force),是一个 3 维胞腔复形链,用 mf 表示。它表示作用在胞腔上的力与力臂的大小。

地下空间对象上不同维数的胞腔复形链之间的关系可以通过定义胞腔复形链的边界算子和协边界算子来表示,进而可以描述地下空间对象不同属性特征之间的转换关系。如图 2.12 所示。

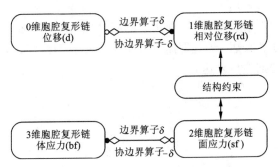

图 2.12　地下空间对象属性特征对应的不同维数胞腔复形链之间的转化

具体的转化过程如下:

(1)面上的应力(用 2 维胞腔复形链表示)与体上的应力(用 3 维胞腔复形链表示)的关系是一种反边界运算 bf = ∂(sf)。根据力学相关定律,可知体上的应力必须为 0。即作用在面上(局部)的应力 sf 与作用在体上(一定范围内)的应力 bf 两者的和为 0。

（2）结构约束定义了面应力和体应力作用下产生的位移 u 与相对位移 ud 之间的关系边界运算 $ud = \delta(u)$，ud 表示沿胞腔复形 K 中 1 维胞腔的位移变化。

2.5 本章小结

本章对代数拓扑的相关理论进行了简要的阐述，并分析了代数拓扑学在地下空间对象建模与模拟分析中的应用情况，给出了胞腔复形链相关定义，在此基础上给出了地下空间对象及行为过程的形式化定义。

（1）指出当前对代数拓扑学中基本方法的应用是通过代数不变量，把空间映射到不变量上，而这种映射操作实现的主要原理是同调理论。在对代数拓扑学中单纯同调理论和胞腔同调理论进行了简要介绍的基础上，对当前代数拓扑学在地下空间对象建模与模拟中的应用进行了分析。

（2）由单纯形和单纯复形的单纯同调理论，扩展到胞腔和胞腔复形的胞腔同调理论，在此基础上给出了胞腔复形链的定义，并详细阐述了胞腔复形链相关操作算子的定义和功能，为基于胞腔复形了的地下空间对象及其行为过程的形式化定义提供了理论依据。

（3）基于胞腔复形链的相关理论，给出了地下空间对象中拓扑对象和属性对象的形式化定义。将地下空间对象的几何信息与属性信息统一描述为矢量空间下的 k 维向量，用代数拓扑空间中的胞腔复形对拓扑信息进行描述与表达，用胞腔复形链实现两个空间基本要素的关联，最终实现对地下空间对象几何、拓扑、属性信息的统一描述与表达。

（4）将与地下空间对象行为过程相关的属性信息变化特征，用不同维度的胞腔复形链进行描述和表达，通过对胞腔复形链的运算与操作，实现属性信息分布情况和变化规律的描述与表达。

第 3 章　地下空间对象三维表达与分析计算统一数据模型

地下空间对象的建模与模拟分析过程应该包括三个方面的内容：一是地下空间对象的几何建模，二是地下空间对象之间拓扑关系的描述，三是地下空间对象属性信息及其分布特征的表达。因此建立一个有效的数据模型，能够同时支持地下空间对象的三维表达与分析计算。

在完成了地下空间对象形式化定义的基础上，本章将从地下空间对象的抽象过程入手，基于代数拓扑学的相关理论，研究基于胞腔复形链的地下空间对象三维表达与分析计算统一数据模型的层次结构及其实现方法。

3.1　地下空间对象的抽象过程

本节将从几何层面、拓扑层面和语义层面三个方面对地下空间对象进行抽象分析，获取三维表达与分析计算所需的基本几何要素、空间关系及属性信息的层次结构。

（1）几何层面的抽象

几何层面的抽象是根据地下空间对象的位置、形状和空间关系，对空间对象从维数空间、几何概念上进行表达，进而抽象出空间对象的基本几何元素与构造元素的过程。

地下空间对象的几何模型是将空间数据模型以一些几何元素（$n-\text{embedding}$）的集合来表达空间对象的几何特征，如图 3.1 所示。几何模型中的几何元素点（$0-\text{embedding}$）、线（$1-\text{embedding}$）、面（$2-\text{embedding}$）及体（$3-\text{embedding}$）要分别与拓扑模型中的拓扑元素点（$0-\text{cell}$）、边（$1-\text{cell}$）、面（$2-\text{cell}$）及体（$3-\text{cell}$）关联才能有效地表达空间对象的几何与拓扑信息。在空间对象三维表达与分析计算时，通过将几何信息 $k-\text{embedding}$ 与拓扑信息中的 $k-\text{cell}$ 相关联，才可以维护几何连续性和拓扑一致性。

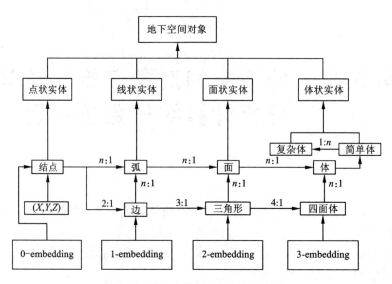

图3.1 地下空间对象几何层面抽象

(1)拓扑层面的抽象

拓扑层面的抽象是根据地下空间对象、几何要素之间的关系，对空间对象从拓扑空间、拓扑概念上进行描述和表达，从而抽象出空间对象、几何要素之间的基本空间关系。

地下空间对象都是三维的，要对其进行准确的描述与表达，必须增加体元几何要素，这将使得其拓扑关系的描述变得十分复杂。为了便于对地下空间对象进行拓扑描述，则要将几何要素和拓扑要素进行分离，以基于代数拓扑的胞腔复形链理论实现对拓扑要素的表达。一个 k 维胞腔是在 k 维空间中最简单的拓扑要素（如3维胞腔对应的是四面体），k 维胞腔集合经过一定的拓扑关联便构成了 k 维胞腔复形，如图3.2所示。

拓扑关系包括空间对象间、几何要素间以及空间对象与几何要素间的拓扑关系。空间对象可以由复杂对象和简单对象构成，不同的空间对象之间存在包含关系和邻接关系等多种拓扑关系；复杂对象和简单对象由基本几何要素构成，它们之间又存在组成关系等拓扑关系；基本几何要素之间存在空间邻接关系。

(3)语义层面的抽象

语义层面的抽象是从地下空间、地学概念上对三维空间对象进行分类，进而抽象出对象的层次结构和概念模型，如图3.3所示。

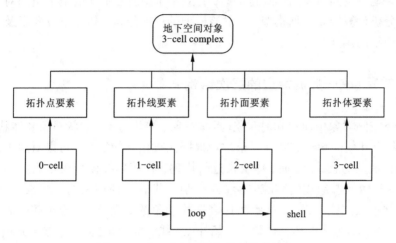

图 3.2 地下空间对象拓扑层面的抽象

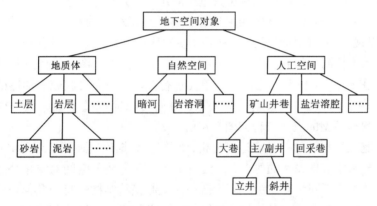

图 3.3 地下空间对象的语义抽象模型[94]

经过对地下空间对象的逐层划分，可把复杂对象逐步划分为简单对象，每一个简单对象将由一系列几何要素构成，几何要素可以利用代数拓扑学中的胞腔复形链进行拓扑重定义，从而实现地下空间对象的描述与三维表达。

3.2 基于胞腔复形链的三维表达与分析计算统一数据模型

通过 3.1 节对地下空间对象不同方面地抽象分析，可获取对其三维表达与分析计算所需的基本几何要素、空间关系及属性信息的层次结构。在此基础上，本节将结合地下空间对象的形式化定义，建立基于胞腔复形链的地下空间对象三维表达与分析计算统一数据模型，并对该模型的层次结构、拓扑组成要素及实现过程进行详细的阐述。

3.2.1　统一数据模型的层次结构

地下空间对象由简单几何对象(点状对象、线状对象、面状对象和体状对象)组成，具有几何简单性和拓扑复杂性。根据代数拓扑的定义，可以对地下空间对象用拓扑抽象的点、线、面、体要素进行描述，将其拓扑模型表示为由拓扑空间中 $k(k \leqslant 3)$ 维胞腔组成的胞腔复形。0 维胞腔代表拓扑抽象的点要素，1 维胞腔代表拓扑抽象的线要素，2 维胞腔代表拓扑抽象的面要素，3 维胞腔代表一个由拓扑点、线、面组成的拓扑体要素。拓扑点、线、面、体之间的连接方式由不同维数的胞腔之间的连接关系反映，通过讨论 0 维胞腔、1 维胞腔、2 维胞腔、3 维胞腔之间的连接关系，进而可以建立地下空间对象的拓扑结构。

将地下空间对象的属性信息用矢量空间用的多重向量来表达时，可通过多重向量的操作来实现属性信息的相关运算；地下空间对象的几何信息(位置、形状等)也可以视为特殊的属性信息，为了方便地区别几何信息与其他属性信息，可用矢量空间中依附于拓扑对象的 $k-embedding$ 来表达。将几何信息和其他属性信息，利用胞腔复形链与特定的拓扑单元进行关联，即通过胞腔复形链的桥梁作用，建立了拓扑空间与矢量空间的关联，进而可以完成整个统一数据模型的构建。统一数据模型的层次结构如图 3.4 所示。

基于胞腔复形链的三维表达与分析计算统一数据模型强调了地下空间对象拓扑、几何与属性信息关系的建立，该模型是在实现了地下空间对象拓扑结构的基础上，通过构建不同维度的胞腔复形链来建立起拓扑结构信息与几何属性信息的关联关系，以此来实现对象拓扑、几何、属性信息的统一描述与表达。在分析计算方面，可利用胞腔复形链中的操作算子、统一数据模型将分析计算中物理量的变化描述成矢量、张量的加法以及对应的数量乘积形式。例如，作用在地下空间对象中的一个拓扑单元 C_i^p 上的体应力(外力)，可以定义为从拓扑单元 C_i^p 到 6 维实数域空间 R^6 的映射 $Map: p-cells->R^6$，进而可以描述出该应力在拓扑空间单元上产生的弯矩和扭矩，接下来再利用相应的操作算子来计算出拓扑单元的位移。

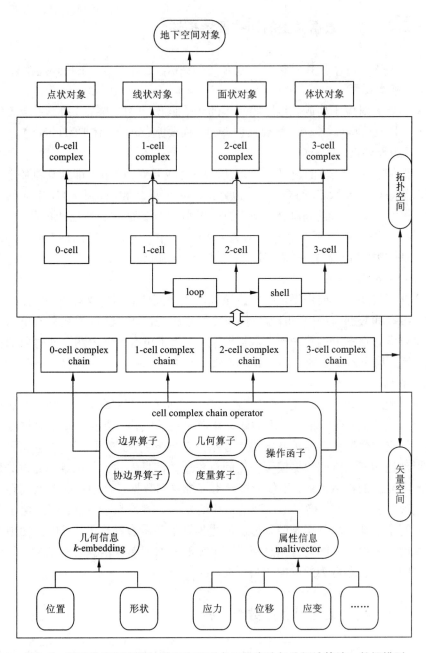

图 3.4 基于胞腔复形链的地下空间对象三维表达与分析计算统一数据模型

3.2.2　统一数据模型的拓扑要素描述

该模型中的基本拓扑要素可以分为基本要素、边界要素、拓扑邻接要素。

（1）基本要素

基本要素对应于构成三维胞腔复形的 0 维胞腔、1 维胞腔、2 维胞腔与 3 维胞腔，分别是点要素（vertex）、线要素（edge）、面要素（face）、体要素（body）。

（2）边界要素

0 维胞腔（点要素）的边界为空，1 维胞腔（线要素）的边界即为 0 维胞腔，因此可以忽略。二维胞腔（面要素）的边界由一组 1 维胞腔（线要素）所组成的序列构成，称为 loop；三维胞腔（体要素）的边界由一组 2 维胞腔所组成的集合构成，称为 shell。因此在地下空间对象静态结构模型中，边界元素包括 loop 与 shell。loop 和 shell 中可以存在一个外部边界和多个内部边界。

（3）拓扑邻接要素

拓扑邻接要素主要用于记录构成该统一数据模型的拓扑要素间的关系。在传统的三维空间数据模型中，因为拓扑邻接关系较为简单，所以无须引入单独的拓扑邻接要素。在本书构建的统一数据模型中，为了更有效地表达空间对象的拓扑邻接关系，均引入了单独的拓扑邻接要素，利用 k 维胞腔复形链（k – cell complex chain）对其进行描述。

该模型通过 $k(0 \leqslant k \leqslant 3)$ 维胞腔复形链，实现了空间对象几何、拓扑和属性信息的统一表达，实现了相应维度的任意几何对象的表达，克服了基于单纯复形理论的三维空间数据模型要求基本要素必须为单纯形的缺点；同时，它也克服了胞腔复形理论的三维空间数据模型在空间对象属性信息表达上的困难。通过分析胞腔与胞腔复形的构造关系，不仅能推导出三维空间数据模型中组成要素间存在的边界定义与黏合关系，确保了模型中拓扑信息的完备性与唯一性，还避免了拓扑信息的冗余或缺失。利用胞腔复形链的边界算子和协边界算子，可以方便地在不同维度胞腔复形链之间进行信息交换，在实现了物理属性信息表达的同时，使得其对空间对象动态行为的模拟成为可能。

3.2.3　统一数据模型的数据结构

应用统一数据模型对地下空间对象进行三维表达与分析计算的相关操作的过程，就是将地下空间对象从现实世界逐步抽象，利用代数拓扑的理论技术，在计算机环境下对其进行模拟、表达与分析的过程。面向对象程序设计方法具有的封装、继承和多态特性，使得该程序设计方法更符合地下空间对象建模与模拟的抽象与实现过程,可以从一般到特殊逐步实现健壮的数据结构。

通过以上对统一数据模型的描述,基于面向对象程序设计方法,本书实现了统一数据模型的数据结构。对统一数据模型中主要类的说明与实现描述如下:

(1)p 维胞腔类(P_cell)。该类是一个抽象类,可以基于该类扩展生成用户需要的不同维度的胞腔。该类主要实现了构建胞腔的几种方法,以及胞腔面的插入、邻接胞腔的查询、胞腔面的定向等主要操作,该类结构具体的 C + + 描述如下:

```
class P_cell
{
prive: // 私有成员变量和成员函数
    void add_parent(Id_pcell pcId); //添加一个父亲胞腔,将此胞腔黏合到
一个 p + 1 维胞腔上
    void add_child(Id_pcell ccId); // 添加一个孩子胞腔
public: // 公有成员变量和成员函数
    P_cell_info * pci; // 胞腔属性信息
    P_cell(int dim = - 1); // 构造函数:根据维度构建胞腔,默认为 - 1
    P_cell(P_cell_info * pcinfo); // 构造函数:根据胞腔属性信息,构建
胞腔
    P_cell(P_cell& pc); // 拷贝构造函数:根据另外一个胞腔,构建胞腔
    ~P_cell(); //析构函数:清理胞腔所占的内存信息
    P_cell&operator = (P_cell& pc); // 赋值操作
    Bool operator = = (P_cell& pc); // 判断两个胞腔是否相等操作
    Complex&comp() const; // 返回该胞腔所属的胞腔复形
    int dim() const; // 返回该胞腔的维度
    int id() const {return pci - > id;}; // 返回该胞腔的编号信息
    void add(P_cell pm1); // 一个 p 维胞腔,是由一组 p - 1 维胞腔组合构
成,该函数的操作功能是向该胞腔添加一个 p - 1 维胞腔。此时,该 p - 1 维胞腔,
必须已经添加到胞腔复形内。
    void add(Id_pcell pcId); // 根据 id 添加子胞腔(p - 1 维胞腔)。同样,
该 p - 1 维胞腔,必须已经添加到胞腔复形内。
    int nb_adj(int delta_p) const; // 返回与 this 胞腔相邻的 delta_p + this - >
dim()维胞腔个数
    P_celladj(int delta_p, int i) const; // 返回与 this 胞腔相邻的第 i 个
delta_p + this - > dim()维胞腔
    OrdSet_pcells adj(int delta_p) const; //返回与 this 胞腔相邻的 delta_p +
```

this－＞dim( )维胞腔集合

　　　　intorientation（P_cell face）；// 返回 this 胞腔面 face(一个 p－1 维胞腔)
的方向
　　　};

　　在 p 维胞腔类的实现中，包含了一个重要的数据结构，即胞腔属性信息描述
结构体。该结构体中对胞腔的编号、父子胞腔集合、所属的胞腔复形等主要属性
信息进行了定义。其 C＋＋实现描述如下：

　　struct P_cell_info
　　{
　　public：//胞腔属性信息
　　　　int dim；　　　// 胞腔维度
　　　　Id_pcell id；　//胞腔的 id，从 1 开始
　　　　int nb_pm1；// 孩子胞腔个数
　　　　int nb_pp1；// 父亲胞腔个数
　　　　Vector_dyn＜Id_pcell＞ vect_pm1；// 记录该胞腔所有孩子胞腔 id 集合
　　　　Vector_dyn＜Id_pcell＞ vect_pp1；// 记录该胞腔所有父亲胞腔 id 集合
　　　　Complex ∗comp；//该(this)胞腔所在的胞腔复形
　　　};

　　(2)胞腔复形类(Complex)。该类是一个抽象类，基于该类可以派生出各种
具体类型的胞腔复形。该类主要实现了构建胞腔复形的相关操作方法、存储了各
个组成胞腔的集合及胞腔遍历操作等。该类结构的具体 C＋＋实现描述如下：

　　class Complex
　　{
　　prive：//私有成员变量
　　　　int dimmax；//该胞腔复形的最大维度，即该胞腔复形的维度
　　　　std：：vector＜int＞ nb_pcells；//分别记录每个维度胞腔的个数
　　　　std：：map＜int，Vector_pcell ∗＞ vect_pcells；//分别存储每个维度的胞
腔集合
　　public：//公有成员变量和成员函数
　　　　std：：vector＜int＞nb_ccchains；//分别记录每个维度胞腔复形链的个数

　　　　Complex( )；// 构造函数：构建新的胞腔复形
　　　　～Complex( )；// 析构函数：清理胞腔复形所占的空间资源
　　　　int dim( )；//获取胞腔复形的维数
　　　　int nb_cells（int dim）；//返回给定维数的胞腔个数

P_cell&cell（int i, int dim）；　　//返回胞腔复形中第 i 个维度为 dim 的胞腔

OrdSet_pcells cells（int dim）；//返回 complex 中所有的 dim 维胞腔

void add（P_cell pc）；//向该胞腔复形中添加一个 p 维胞腔，并将其存放在对应维度胞腔集合的最后

void remove（P_cell& pc）；//从该胞腔复形中移除一个胞腔

void operator =（Complex& comp）；　　// 重载赋值操作运算符

｝；

（3）胞腔复形链类（CCChain）。该类是一个抽象类，主要是实现了规则胞腔复形链、临时胞腔复形链、参考胞腔复形链及常数胞腔复形这四种类型（可以根据不同的需求扩展出更多的类型）胞腔复形链的构造方法，并定义了胞腔复形链的维度及相关联的胞腔复形。该类结构的具体 C ++ 实现描述如下：

```
class CCChain
{
protected：//保护成员变量
    Complex ∗ comp；// 该胞腔复形链关联的胞腔复形
    Type_chain type；// 胞腔复形链的类型
    int dimch；//胞腔复形链的维度
    Vector_dyn < int > vids；　　//胞腔复形链参考记录
public：//公有成员变量与成员函数
    Chain( int dim, Complex& )；// 构造函数：构建规则胞腔复形链
    Chain( int dim, int size )；// 构造函数：构建临时胞腔复形链
    Chain( int dum =0 )；// 构造函数：构建常数胞腔复形链
    Chain( int dim, int size, int dummy )；// 构造函数：参考胞腔复形链
    Chain( Chain& chain )；//拷贝构造函数
    ~Chain( )；//析构函数
    intdim( )；//返回胞腔复形链的维度
    Complex ∗ complex( )；//返回该胞腔复形链关联的胞腔复形
}；
```

利用面向对象编程语言 C ++ 中的泛类型方法，基于胞腔复形链抽象类 CCChain，派生出模板类 Type_ccchain，则它的构造函数为：

```
template < class Type > class Type_ccchain : public CCChain
{
protected：//保护类型成员变量
    Vector_dyn < Type > vect；// 存储类型为 Type 的属性数据
```

public：//公有类型的成员函数

Type_ccchain(int dim, Complex&comp)；//构造函数：基于给定的维度和胞腔复形，构建系数为 Type 类型的胞腔复形链

Type_ccchain(int dim, int size)；//构造函数：构建临时胞腔复形链

Type_ccchain(Type& cte)；//构造函数：构建常数胞腔复形链

Type_ccchain(int dim, int size, int dum)；//构造函数：构建参考胞腔复形链

Type_ccchain(Type_ccchain&tch)；//拷贝构造函数

~Type_ccchain( )；//析构函数

inline intsize( )；// 在该胞腔复形链中存储属性数据的个数

inline Type&operator[ ](int i)；//重载"[ ]"运算符：实现获取或设置编号为 id 胞腔单元处的属性值

inline Type&operator[ ](P_cell pcell)；//重载"[ ]"运算符：实现获取或设置胞腔单元 pcell 处的属性值

inline Type&coefficient(int i)；//返回胞腔 pcell = K. pcell(i, p)的系数 g_i，其中 K 为胞腔复形，p 是胞腔复形链的维数

inline Type&coefficient(P_cell pcell)；//返回胞腔 pcell 的系数 g_i，其中 i 是由 pcell = K. pcell(i, p)所确定(p 为胞腔 pcell 的维度)

//通过 coefficient 两个操作方法可以实现对胞腔复形链中的每个胞腔 pcell 单独赋属性值

inline voidoperator = (Type_ccchain&tch)；//重载赋值操作运算符

inline Type_ccchain dim_inc(int delta_p, Operation op, Boolean is_signed)。//操作算子实现函数

  }；

胞腔复形链操作算子的实现函数 dim_inc(int delta_p, Operation op, Boolean is_signed)的功能是返回维度为 p + delta 的胞腔复形链(类型为 Type)，新胞腔复形链的属性值由操作函子变量 op 确定。布尔类型的变量 is_signed 可确定系数计算时是否考虑(胞腔的)方向。该操作方法实际是胞腔复形链的边界算子和协边界算子 的扩展。操作函子 Operation 可以是加减法、乘除法、求平均、几何运算等各种运算。

该操作方法的使用举例如下：

chain_Type_3 = chain_Type_l. dim_inc(2, average, true)

该例子是从 l 维的胞腔复形链(类型为 Type)产生 3 维的胞腔复形链，新胞腔复形链的关联系数是由 l 维胞腔复形链的系数求平均获得，并且在内部运算的过程中考虑胞腔的相对方向。

不同属性类型的胞腔复形链，其操作算子的实现方式也不尽相同，可以根据

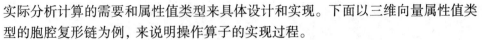

实际分析计算的需要和属性值类型来具体设计和实现。下面以三维向量属性值类型的胞腔复形链为例，来说明操作算子的实现过程。

```
Real3_ccchain Real3_ccchain：: dim_inc(int npi, Operation op, bool Signed)
{
    int dim_st = this - > dim();
    int dim_res = this - > dim() + npi;
    int nbc_res = this - > comp - > nb_cells(dim_res);
    Real3_ccchain cvtemp(dim_res, nbc_res);
    for (int i = 1; i < = nbc_res; i + +)
        {
            P_cell pc;
            pc = this - > comp - > cell(i, dim_res);
            Real3 tc(0.0, 0.0, 0.0);
            OrdSet_pcells setids = pc. adj( - npi);
            int voisin = setids. cardinal();
            for (int j = 1; j < = voisin; j + +)
                {
                Id_pcell idpc_adj;
                idpc_adj = setids[j];
                Real3 tc_adj;
                tc_adj = this - > operator[ ](idpc_adj);
                if (Signed)
                    {
                    Real cr_ori;
                    if(( - npi) < 0)cr_ori = pc. orientation(this - >
                    comp - > cell(idpc_adj, dim_st));
                    else
                    cr_ori = this - > comp - > cell(idpc_adj, dim_st).
                    orientation(pc);
                    if ((op = = plus)||(op = = average))
                        tc = tc + (tc_adj * cr_ori);
                    else // op = = geom_average or mult
                    //tc = tc * (tc_adj * cr_ori);
                    }
                else // not signed
```

```
            if ( ( op = = plus ) | | ( op = = average ) )
                tc = tc + tc_adj;
            else // op = = geom_average or mult
            //tc = tc * tc_adj;
                assert( 0 );
        }
        if ( ( op = = geom_average ) | | ( op = = average ) )
            cvtemp[ i ] = tc * ( 1.0 / voisin );
        else // op = = plus or mult
            cvtemp[ i ] = tc;
    }
    return cvtemp;
}
```

在该统一数据模型的实现过程中,还需要许多的辅助表达、分析计算的类,在此将不再做详细的介绍。

3.3　基于统一数据模型的地下空间对象表达

基于胞腔复形链的三维表达与分析计算统一数据模型可以实现地下空间对象拓扑、几何与属性的统一表达,在给出了统一数据模型层次结构、拓扑要素、数据结构等描述的基础上,利用统一数据模型可实现对地下空间对象的三维表达与分析计算。

3.3.1　基于统一数据模型的复杂地下空间对象三维表达

在现实世界中,地下空间对象极其复杂,存在如断层中的自由面、地层面与断层面互相切割,以及地下裂缝、透镜体等复杂地质情况,对其进行描述、管理、模拟和分析,是三维的地理信息系统(3D GIS)和三维空间数据模型设计的关键。基于胞腔复形链的地下空间对象三维表达与分析计算的统一数据模型,可以实现复杂的地下空间对象的三维表达,同时能够保持各个空间要素间的几何连续性和拓扑一致性,为后期基于该模型进行行为过程的动态模拟提供了技术支撑。图3.5 给出了基于该模型对含有断层的地质体模型的三维表达。

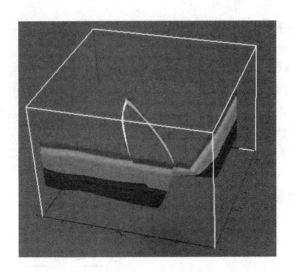

图 3.5　地下断层与地层结构的统一表达

由图 3.5 可以看出，本书提出的统一数据模型能够很好地表达地下断层与地层在三维空间中的结构形态，并能够同时表达各个地层和断层的几何拓扑关系。

3.3.2　基于统一数据模型的属性信息空间分特征表达

统一数据模型可以实现地下空间对象的几何、拓扑、属性信息的统一描述。因此，该统一数据模型能对地下空间对象内部的地学特征进行展示，揭示地下空间对象某个属性信息的分布情况和变化规律，从而为工程实际提供决策支持。图 3.6 显示了一矿体中某种矿物含量的空间分布特征。

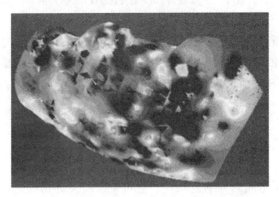

图 3.6　基于统一数据模型的属性信息空间分布特征实例

3.3.3 基于统一数据模型的行为过程表达

传统的地下空间对象三维建模与模拟分析方法中对其物理量的度量考虑较少，而本书的基于胞腔复形链实现的三维表达和分析计算与分析计算统一数据模型最大的特点就是其对地下空间对象行为过程的描述中隐含了对物理量的度量标准。统一数据模型可以通过胞腔复形链的相关操作算子，在一定的物理定律（可以扩展到地学定律）约束下，隐含地度量不同物理量之间的转换关系，进而可以实现地下空间对象动态行为过程的模拟与表达。图 3.7 所示为弹性空间对象（complex_k）上体应力（bf）与面应力（sf）之间的关系。

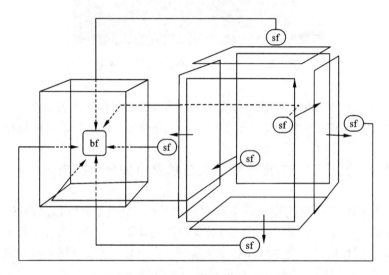

图 3.7　体应力（bf）与面应力（sf）的关系

对于图 3.7 所示的度量关系，根据受力平衡条件，可以通过胞腔复形链的协边界算子来隐含地度量：$bf = -\delta(sf)$；然后，在运动方程的约束下，可以计算出在应力作用下拓扑单元的位移 u；同样利用胞腔复形链的协边界算子，可以计算出相对位移 $ud = -\delta(u)$，其中 ud 表示 complex_k 中沿 2-cell 位移的变化总和。

3.4　本章小结

本章根据地下空间对象的复杂性、空间关系及关键属性，对地下空间对象进行抽象，从而达到逐级细化表达真实地下空间对象的目的。在此基础上，基于代数拓扑学的相关理论，研究了基于胞腔复形链的地下空间对象三维表达与分析计算统一数据模型的层次结构及其实现方法。

（1）从拓扑层面、几何层面和语义层面三个方面对地下空间对象进行抽象分析，获取三维表达与分析计算所需的基本几何要素、空间关系及属性信息的层次结构。

（2）在完成了地下空间对象的抽象分析后，结合地下空间对象的形式化定义，建立了基于胞腔复形链的地下空间对象三维表达与分析计算统一数据模型，并对该模型的层次结构、拓扑组成要素及实现过程进行了详细的阐述。

（3）在给出了统一数据模型层次结构、拓扑要素、数据结构等描述的基础上，基于统一数据模型来实现复杂地质现象、属性信息空间分布特征及地下空间对象动态行为过程的三维表达与分析。通过本章的研究，为后面章节基于该统一数据模型的三维空间分析与计算等相关的操作算法的实现奠定了基础。

第4章　基于统一数据模型的三维空间分析与计算方法

通过第 3 章的论述可知，基于胞腔复形链的地下空间对象三维表达与分析计算统一数据模型能够实现地下空间对象的拓扑、几何与属性信息的统一描述与表达。为了扩展统一数据模型的空间操作功能及增强其实用性，本章将进一步研究利用统一数据模型进行地下空间对象三维表达和分析计算过程中相关的三维空间分析与计算方法的设计与实现。

基于胞腔复形链对欧拉－庞加莱公式进行扩展，借助了公式中的拓扑不变量来构建欧拉算子。在此基础上，首先设计基于凸壳法的三维点集区域查询算法，实现三维点集在多面体内的检测操作；然后，再设计基于空间扫描策略的三维相交检测算法；最后，设计三维空间实体间布尔运算操作算法。以上空间操作算法可以实现复杂地下空间对象的三维建模与模拟。为了使统一数据模型能够有效地支持地学分析计算，本章还研究了基于统一数据模型的三维空间网格离散算法。为了能够更加逼真地刻画地下空间对象，本章还设计了基于胞腔复形链的地下空间对象模型细分光滑操作算法。

4.1　基于胞腔复形链的欧拉算子

地下空间对象三维表达与分析计算中会涉及大量的几何计算和拓扑操作，如何确保在这些空间计算与操作过程中要素单元的拓扑一致性和几何连续性，是三维表达与分析计算中面临的一个关键技术问题。本节将利用胞腔同调理论对欧拉－庞加莱公式进行扩展，在此基础上，实现基于胞腔复形链的欧拉算子，以为后续算法的设计与实现提供技术保障。

4.1.1　代数拓扑中的欧拉公式

在拓扑学中，空间对象各个基本几何元素的个数之间存在一定的联系，这个联系可以用以下的公式来描述：

$$V - E + F = X(P) \qquad (4.1)$$

◆ V 表示几何元素 P 顶点(vertex)的个数；

◆ E 表示几何元素 P 边(edge)的个数；

◆ F 表示几何元素 P 面(face)的个数；

◆ $X(P)$ 表示几何元素 P 的欧拉示性数。在拓扑学的研究范畴中，欧拉示性数 $X(P)$ 是一个拓扑不变量，是指无论经过何种拓扑变形都不会改变的量。

如果几何元素 P 是同胚于(如果把多面体 P 想象成由橡皮膜组成的，对这个橡皮膜充气，如果能变成一个球面，则这个过程在拓扑学中叫作同胚于，并把这样的多面体称为简单多面体)一个球面的多面体，则欧拉示性数 $X(P) = 2$，由此可以得出：

$$V - E + F = 2 \qquad (4.2)$$

这个公式就是著名的欧拉公式。欧拉公式说明了简单多面体顶点数、边数与面数之间特有的关系，尽管多面体可能会有很多种变化，但这个关系在连续拓扑变形下是始终保持不变的。这种连续变形下保持不变的性质，称为拓扑性质，而在连续变形下保持不变的量称为拓扑不变量，这两者都是拓扑学研究的重要内容。

4.1.2　代数拓扑中的欧拉 - 庞加莱公式

庞加莱对欧拉的多面体定理进行推广，得出了欧拉 - 庞加莱公式，描述如下：

$$V - E + F - (L - F) - 2(S - G) = 0 \qquad (4.3)$$

◆ V 表示顶点的个数；

◆ E 表示边的数目；

◆ F 表示面的个数；

◆ L 表示环(loops)的个数，是指面构成的所有内部环和外部环。

◆ S 表示空壳(void shells)的个数，一个壳表示实体内部的空白部分，也指由 2 维流形边界面围成的部分。一个空间实体自身便构成了一个壳，因此 S 值至少为 1。

◆ G 表示穿透空间实体洞的个数，通常是指拓扑学中的亏格(genus)。

图 4.1(a)所示的空间对象具有 16 个顶点、24 条边、11 个面、0 个洞、1 个空壳和 12 个环(11 个面 + 顶面上的 1 个内部环)，该对象的欧拉 - 庞加莱公式可以表示为：$V - E + F - (L - F) - 2(S - G) = 16 - 24 + 11 - (12 - 11) - 2(1 - 0) = 0$；图 4.1(b)所示的空间对象具有 16 个顶点、24 条边、10 个面、1 个洞(即亏格为

1)、1 个空壳和 12 个环(10 个面 + 顶面和地面上各 1 个内部环),则该对象的欧拉 – 庞加莱公式可以表示为:$V - E + F - (L - F) - 2(S - G) = 16 - 24 + 10 - (12 - 10) - 2(1 - 1) = 0$。

(a) 实例1　　　　　　　　　　　　　　(b) 实例2

图 4.1　欧拉 – 庞加莱公式实例图

根据代数拓扑中基于胞腔、胞腔复形和胞腔复形链对空间对象的形式化定义,公式(4.3)可以改写为:

$$N_0 - N_1 + N_2 - (L - N_2) - 2(S - G) = 0 \qquad (4.4)$$

◆ N_0 表示 0 维胞腔(0 – cell)个数;
◆ N_1 表示 1 维胞腔(1 – cell)个数;
◆ N_2 表示 2 维胞腔(2 – cell)个数;
其他参数含义不变。

通过该公式可以明确各种空间元素间的个数关系,从而为接下来实现基于其上的欧拉算子的完备性提供依据。

4.1.3　欧拉算子的实现

对空间对象进行三维表达和分析计算时,会涉及大量的几何计算和拓扑关系的增加、删除、修改等更新操作,而根据欧拉 – 庞加莱公式在保证同一空间对象中各种组成拓扑几何元素的正确个数关系的情况下所做的创建和删除拓扑元素的基本操作叫作欧拉操作。实现欧拉操作的算子称为欧拉算子。在空间分析计算过程中,通过调用欧拉算子可实现对几何、拓扑元素的操作。使用欧拉算子有许多优点:

(1)欧拉算子保证了操作结果模型拓扑关系的有效性和一致性,从而在算法层上为空间计算添加一层安全层;

(2)欧拉算子有效地隐藏了数据结构的实际使用细节,使得对空间对象布尔运算算法保持逻辑上的清晰性,便于在设计、实现布尔运算算法时关注于算法本身，而不用保持算法与低层数据结构使用的高耦合性。

（3）布尔运算算法的不同部分和分支共享欧拉算子的代码，使得算法的程序代码变得更加短小和简洁。

由于实际的数据结构中拓扑关系操作非常复杂，基于胞腔复形链的欧拉-庞加莱公式相当于通过 6 个变量（N_0、N_1、N_2、L、S、G）在 6 维的空间中定义了一个平面，其中有 6 个独立的基本向量。在第 3 章构建的统一数据模型中，将拓扑元素和几何元素分别用 k-cell 和 k-embedding 来描述，并通过胞腔复形链来实现两者的关联与统一。因此，利用基于胞腔复形链改进的欧拉-庞加莱公式中的 6 个基本向量，本书定义了 10 对欧拉算子，如表 4.1 所示。这 10 对欧拉算子的组合可以实现对地下空间对象中拓扑和几何元素的增加、删除、更新等操作，进而为后面章节实现对地下空间对象三维表达和分析计算相关操作中涉及的几何计算和拓扑操作底层算子的支持。

在表 4.1 中，第一列是欧拉算子的名称，其中的字母 m 表示创建（make），字母 k 表示删除（kill），其后的字符组合为相应的操作要素的简称，例如 c0 表示拓扑点 0-cell，e0 表示几何点 0-embedding，c0 表示拓扑边 1-cell，e1 表示几何边 1-embedding，c2 表示拓扑面 2-cell，e2 表示几何面 2-embedding，l 表示环 loop，s 表示壳 shell，g 表示亏格（洞）genus。第二列是算子的参数，其中用括号括起来的参数是可选参数。第三列是算子的功能简介。这 10 对欧拉算子的具体功能操作描述如下：

（1）创建、删除 k-embedding（$0 \leq k \leq 2$）几何元素的欧拉算子

这些算子包括 ccchain_me0、ccchain_ke0、ccchain_me1、ccchain_ke1、ccchain_me2、ccchain_ke2。通过这些欧拉算子可以创建和删除实际的几何点、线、面要素对象。利用这些算子创建基本几何元素时，必须通过胞腔复形链指定其所依附的拓扑元素；同时通过这些算子删除基本几何元素时，也会更新其所依附的拓扑元素的关联信息。

（2）创建、删除 k-cell（$0 \leq k \leq 2$）拓扑元素的欧拉算子

这些算子包括 ccchain_me0、ccchain_ke0、ccchain_me1、ccchain_ke1、ccchain_me2、ccchain_ke2。利用这些欧拉算子进行拓扑元素创建、删除操作时，会通过相应维度的胞腔复形链与特定的几何元素的相互关联，实现几何信息和拓扑信息的及时更新。

（3）创建、删除 loop、shell 的欧拉算子

这些算子是指 ccchain_ml、ccchain_kl、ccchain_ms、ccchain_ks。这些欧拉算子可以视为地下空间对象三维表达与分析计算过程中用到的中间拓扑元素的操作算子。为了生成几何面要素（2-embedding），首先必须通过 ccchain_ml 算子创建以拓扑环作为面的边界。同样为了生成几何体要素（3-embedding），首先也必须

通过 ccchain_ms 算子生成作为几何体要素边界的拓扑壳。

（4）创建、删除 genus、model 的欧拉算子

这些算子包括 ccchain_mg、ccchain_kg、ccchain_mm 和 ccchain_km。通过这对欧拉算子可以创建空的亏格（区域），将其添加到统一数据模型（model）中，可以构造出各种复杂的空间对象。

图 4.2 展示了上述欧拉算子功能操作的示意图。其中创建算子的效果是从左向右，删除（逆）算子的效果是从右向左。

表 4.1　基于胞腔复形链的欧拉算子

欧拉算子名称	参数列表	功能描述
ccchain_me0	$x, y, z,$ (nx, ny, nz), (refentity)	创建 0 – embedding
ccchain_ke0	0 – embedding	删除 0 – embedding
ccchain_mc0	0 – embedding, （parent）	创建 0 – cell
ccchain_kc0	0 – cell	删除 0 – cell
ccchain_me1	0 – embedding1, 0 – embedding2, （parent）	创建 1 – embedding
ccchain_ke1	1 – embedding	删除 1 – embedding
ccchain_mc1	loop, 0 – cells, orientifsame	创建 1 – cell
ccchain_kc1	1 – cell	删除 1 – cell
ccchain_me2	1 – cell, loop	创建 2 – embedding
ccchain_ke2	2 – embedding	删除 2 – embedding
ccchain_mc2	1 – cells, （orientifsame）, （shell）	创建 2 – cell
ccchain_kc2	2 – cell	删除 2 – cell
ccchain_ml	2 – embedding, 1 – cells	创建 loop
ccchain_kl	loop	删除 loop
ccchain_ms	（genus）, （1 – cell）	创建 shell
ccchain_ks	shell	删除 shell
ccchain_mg	（model）, （shell）, （dim）	创建 genus
ccchain_kg	genus	删除 genus
ccchain_mm	（genus）	创建 model
ccchain_km	model	删除 model

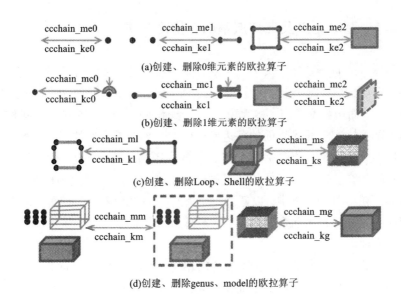

图4.2　欧拉算子功能操作示意图

利用基于胞腔复形链改进的欧拉－庞加莱公式中的6个拓扑不变量实现的上述10对欧拉算子，可以保证在对地下空间对象进行三维表达与分析计算中过程要素单元的拓扑一致性和几何连续性。

4.2　基于凸壳法的三维点集区域查询算法

如果将区域空间用一个多面体来代替，那么三维点集的区域查询操作就可以描述为判断三维点集是否在多面体内的检测算法。

三维点集是否在多面体内的检测问题是计算几何学研究的基本问题之一，也是3D GIS领域许多重要算法的基础，其准确性与效率直接影响到如多面体裁剪、空间关系判断等空间分析功能的实现。

本书借鉴判定二维点集是否在多边形内部的算法[95]，进行三维扩展，提出了一种基于三维凸壳的判断点集是否在多面体内的检测算法。该算法无须依次判断三维点集中每个点是否在多面体内，因而可以大大提高三维点集的区域查询效率。其基本思想是通过求剩余点集的三维凸壳来判断凸壳的顶点是否在多面体内，以及多面体顶点是否在凸壳外，之后便可判断出三维点集中哪些点位于多面体内部。

4.2.1　基本定义及三维点集凸壳构建方法

多面体(polyhedro)被定义为三维欧几里得(E^3)空间的一个三维形体,它由有限个多边形面构成,每个面都是某个平面的一部分;多边形面相交于边,每条边都是直线段,而边相交于点,称为顶点。多面体所包围的三维封闭空间称为该多面体的内部。构成多面体表面的多边形构成了一个二维流形的封闭曲面,任意一个多边形的一条边是且仅是另一个多边形的一条边,两个多边形除了共享边外,其余边不能相交。这类多面体能够通过连续变形(同胚变换)变为球面,也称为简单多面体。在简单多面体中,以任意一个面对空间进行划分,多面体的其他部分都在相同一侧的定义为凸多面体,反之定义为凹多面体。凸多面体和凹多面体都是简单多面体。

本书所研究的对象为 E^3 空间中的简单多面体,包括凸多面体和凹多面体。在实际的应用中基于三角形的多面体(多面体的面都由三角形组成)使用得较多,即使真实的面是由多边形组成,这些多边形也会被剖分成三角形。将多面体所围成的封闭空间定义为其内部,检测点集是否在多面体内就是判断其是否在多面体内部的问题。

点集的最小凸包问题是计算几何中被广泛研究的问题,它在计算机辅助设计(CAD)和地理信息系统(GIS)中有着广泛的应用。有关二维点集的凸壳构建方面已经有了许多比较成熟的算法,如 gift wrapping 算法、quickhull 算法、Graham 算法、增量构建算法等,O'Rourke 对这些算法做了详细的研究[96]。目前对三维点集凸壳的构建的研究还相对较少,多是在二维凸壳的基础上扩展而来的,相关学者已提出了如分而治之法、增量法等三维凸壳构成算法,CGAL 等计算几何开源算法包可以提供稳定的算法实现[97]。

本书采用增量式凸壳构建算法,如图 4.3 所示。考虑到三维点集凸壳的构建效率比较低的问题,为了减少凸壳的构建次数,提高算法的检测效率,在用增量法构建凸壳的过程中,对每增加一个点构建的中间凸壳做保存,以该点与中间凸壳映射的形式(Map < vertex, CHull >)存储。当最大凸包完成了判断后,在将凸壳顶点从当前点集中删除时,同时删除该顶点所对应的中间凸壳,继续从中间凸壳集合中取出第一个凸壳,进行判断。这样就可以实现一次凸壳的构建,即可以完成整个点集的凸壳查询判断操作。

在本书的算法中,要判断三维点集中哪些点位于多面体内部,是通过判断剩余点集三维凸壳的顶点与多面体的位置关系来实现的,这一过程中需要检测三维凸壳与多面体区域是否相交,这就会涉及大量的求交运算。要提高相交检测的实

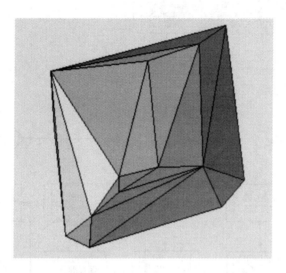

图 4.3　增量式的三维点集凸壳构建示意图

时性，可以从两个方面着手：①减少参与相交计算的基本几何图元数目，如采用层次树结构等[98-99]；②减少几何图元间相交计算的时间，在基于几何图形的相交检测中，最终要进行基本几何图元(如三角形)间的相交计算。三角形是最常用的基本几何图元之一，为了加快三角形间是否相交的检测速度，许多学者对快速三角形相交计算算法进行了研究[100-104]。

4.2.2　算法技术流程设计

针对 3D GIS 相关算法实现中经常需要对大数据量点集对象进行是否在多面体内的检测，本书提出的基于凸壳的三维点集是否在多面体内的检测算法，通过反复计算当前点集的凸壳，并分析凸壳与多面体的关系，从而获得点集中位于多面体内或表面的子集合。由于该过程无须依次判断三维点集中每个点是否在多面体内，因而可以大大提高算法的检测效率。基于此，本节设计了该算法的技术流程，如图 4.4 所示。

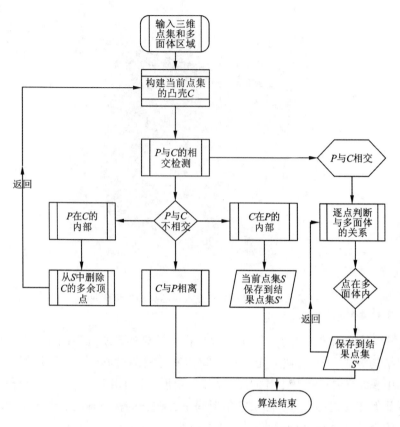

图4.4 三维点集是否在多面体内检测算法技术流程图

4.2.3 算法实现过程描述

根据4.2.2节设计的三维点集是否在多面体内检测算法技术流程,对该算法的具体实现过程描述如下:

(1)首先将当前点集记为 S,多面体记为 P,计算结果点集记为 S'(用于记录点集 S 中所有位于多面体 P 内的点), S' 的初值为空。

(2)构建当前点集 S 的三维凸壳 C。根据4.2.1节的介绍,本书研究中采用CGAL 中提供的点集对象三维凸壳构造方法,在此不再赘述。

(3)对(2)中构建的三维凸壳 C 和多面体 P 做相交检测,判断三维凸壳 C 与多面体 P 的相交情况。如果 C 与 P 不相交,则存在以下三种情况: C 在 P 的内部、 P 在 C 的内部、 C 与 P 相离,如图4.5(a)~(c)所示。从三维凸壳 C 上任取一顶点 V,

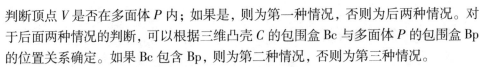

判断顶点 V 是否在多面体 P 内；如果是，则为第一种情况，否则为后两种情况。对于后面两种情况的判断，可以根据三维凸壳 C 的包围盒 Bc 与多面体 P 的包围盒 Bp 的位置关系确定。如果 Bc 包含 Bp，则为第二种情况，否则为第三种情况。

（4）如果三维凸壳 C 在多面体 P 内部，则当前点集 S 的所有点均在多面体 P 内部。添加至计算结果点集 S'，输出结果点集 S'，算法结束。

（5）如果三维凸壳 C 与多面体 P 相离，则当前点集 S 的所有点均在多面体 P 外部，输出结果点集 S'，算法结束。

（6）如果多面体 P 在三维凸壳 C 内部，则三维凸壳 C 的所有顶点 V 都在多面体 P 的外部，将所有顶点 V 从当前点集 S 中删除，继续对当前点集 S 进行上面的判断操作。

（7）如果多面体 P 与三维凸壳 C 相交，如图 4.5(d)所示，则逐个判断凸壳 C 中所有顶点($V0$, $V1$, $V2$, $\cdots$, Vk)与多面体 P 的关系，将位于多面体 P 内的凸壳顶点保存至结果点集 S' 中。许多学者对单个点在多面体内的检测算法进行了深入研究[98-103]。为了加快单个点在多面体内的判断算法，本书构建了多面体的有向包围体(oriented bounding box, OBB)，首先检测目标点与 OBB 的关系，如果点不在 OBB 包围体内，则必然不在多面体内，无须做更进一步的判断即可得结论。然而，该方法仅对于通过 OBB 包围体检测的目标点，才进行点是否在多面体内的判断。

（8）从点集 S 中删除凸壳 C 中所有顶点($V0$, $V1$, $V2$, $\cdots$, Vk)，如果 S 为空，则输出结果点集 S'，反之转至步骤(2)继续执行判断操作，直到点集 S 为空为止。

算法中点集 S 与多面体的关系存在三种情况：点集 S 位于多面体 P 内、多面体 P 位于点集 S 中、点集 S 部分位于多面体 P 内。通过求出点集 S 的三维凸壳 C，可将上述关系转化为：①多面体 P 包含凸壳 C；②凸壳 C 包含多面体 P；③多面体 P 与凸壳 C 相离；④多面体 P 与凸壳 C 相交。对于情况①和③，通过分析凸壳任一顶点与多面体的关系即可判断出点集 S 中点是否在多面体 P 内。对于情况②和④，则采用逐次求点集 S 的三维凸壳 C，并逐个判断凸壳 C 的顶点与多面体 P 的关系，将位于多面体 P 的顶点加入结果点集中，直到出现情况①和③或点集 S 为空为止。

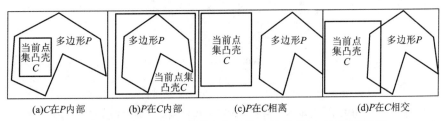

图 4.5　多面体区域 P 与当前点集凸壳 C 的关系（二维投影视图）

4.2.4 实例与分析

本节在 CPU 为 Intel(R) Core(TM)2 1.8GHZ，内存为 1G 的 PC 机上，VC++ 2008 编程环境下，对本书算法进行了实现，并对实例数据进行了验证。其测试数据集采用随机生成的 100 个、1000 个、5000 个、10000 个点的 4 组点集。为了验证本书所提出算法的性能，将该算法与利用 CGAL 中单点查询算法逐个检测点集中各点是否在多面体内的方法进行比较，得测试结果统计表（表 4.2）和效率对比图（图 4.6），其中表和图中的凸壳法就是本书提出的算法。

表 4.2 三维点集是否在多面体内检测算法对比测试结果统计表

项目名称	100 个点		1000 个点		5000 个点		10000 个点	
	单点查询次数（次）	时间（μs）	单点查询次数（次）	时间（μs）	单点查询次数（次）	时间（μs）	单点查询次数（次）	时间（μs）
凸壳法	64	901	445	5469	2236	34526	3446	81442
穷举法	100	1179	1000	10237	5000	50342	10000	102100

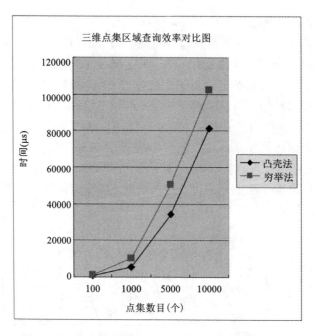

图 4.6 三维点集是否在多面体内检测算法效率对比图

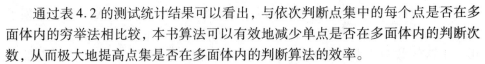

通过表 4.2 的测试统计结果可以看出，与依次判断点集中的每个点是否在多面体内的穷举法相比较，本书算法可以有效地减少单点是否在多面体内的判断次数，从而极大地提高点集是否在多面体内的判断算法的效率。

算法的时间复杂度分析。假设单点是否在多面体内的检测算法为 $O(n)$，n 为多面体顶点的个数。对于点数为 m 的三维点集而言，逐个点查询的时间复杂度为 $O(n*m)$；本书算法的时间复杂对为 $N*O(m)+m'*O(n)$，其中 N 为凸壳构建次数（$N=1$），m 为三维点集点个数，$O(m)$ 为三维点集凸壳算法时间复杂度，m' 为实际进行点是否在多面体内判断的点数。在 GIS 中，多面体对应于一个地理对象，而在实际的 GIS 应用中，一个复杂地理对象的 n 值是非常大的。由此可知，随着地理对象复杂程度的增加（n 值的增大），本书算法的效率优势就会越明显。

通过以上的分析可知，该算法无须依次判断点集中每个点是否在多面体内。其基本思想是通过求剩余点集的三维凸壳，判断凸壳的顶点是否在多面体内，及多面体顶点是否在凸壳外，即可判断点集中哪些点位于多面体内部。该方法可以有效解决点集在多面体内的判断问题，与逐个判断点集内各点是否在多面体内的方法相比，该算法在效率上有明显的优势，更好地满足了 GIS 各类空间分析的实际需要。

4.3　基于空间扫描策略的三维相交检测算法

根据 OGC 标准，空间拓扑关系分析的实现是基于维度扩展的 9 交矩阵（DE-9IM），说明了几何要素间的相交检测是空间拓扑分析的基础。地下空间中包含了大量复杂的三维地理对象，对象间的两两相交检测，时间耗费非常大，难以满足拓扑分析实时性的需求。而且，随着地下空间对象建模技术的发展，模型越来越逼真，越来越详细，空间拓扑分析的效率受到了严峻的挑战。要实现实时的空间拓扑分析，寻求一种高效且可以应用于大数据量、复杂的地下空间中的相交检测算法，成为亟待解决的问题。

本节将基于代数拓扑的理论，将地下空间对象用统一数据模型进行描述，在此基础上研究基于胞腔复形链的三维相交检测算法的设计与实现。

4.3.1　三维相交检测算法研究现状分析

近年来，国内外学者对如何提高三维空间对象间相交检测效率进行了大量的研究，且提出了许多有效的检测方法，主要分为空间分解法、层次包围盒法[105]。下面对这两类方法进行简要的归纳和总结。

（1）空间分解法。Ganter 和 Isarankura 首先将空间分割技术引入相交检测中[106-107]，提出了一种空间分解的方法，将包含几何对象的空间划分成一系列子空间，只在两个几何对象的重叠子空间进行相交检测，进而减少了几何对象两两相交计算的数目。典型的空间分解法有多维二叉树（K-D tree）、八叉树（octree）、空间分区二叉树（BSP tree）、四面体网（tetrahedral mesh）和规则网格（regular grid）等。空间分解法适用于空间分布均匀的稀疏场景中几何对象的相交检测，对于一般的场景，最优的剖分尺度很难选择。如果分解过度，会耗费大量的计算时间；如果分解的子空间数目太少，会发生漏判或错判现象。因此，空间分解法在实际的相交检测中应用较少。

（2）层次包围盒法。Hahn 首次采用层次包围盒技术来加速多面体场景的相交检测[108]，通过用几何特性简单的包围盒层次逼近复杂几何对象模型，从而用包围盒来代替复杂几何对象进行相交检测，以减少不必要的相交计算。层次包围盒法可以应用于复杂场景中的相交检测，是实际应用较为广泛的方法。其典型的方法有包围球（sphere）、轴向包围盒（axis-aligned bounding box，AABB）、固定方向凸包（fixed directions hulls，FDH）、方向包围盒（oriented bounding box，OBB）、离散方向多面体（discrete orientation polytopes，K-Dop）等[109-112]。其中，AABB以其几何特性简单，易于相交判断的特性，OBB 以其方向任意性、对几何对象包围紧密的特性，成为目前应用较多的两种包围盒。

平面扫描（sweep line）技术是计算几何领域一个通用的技术，该技术于1976年由 Michael Shamos 和 Dan Hoey 提出后在计算几何领域中得到广泛应用[113]。1979 年 Bentley 和 Ottmann 将平面扫描技术引入到平面线段交点算法中，提出了BO 算法[114]，该算法把效率和实际线段相交个数联系起来，提高了平面线段交点算法的效率，属于"输出敏感型"算法。Domiter 和 Zalik 对二维散乱点集进行带边界约束的 Delaunay 三角剖分时，应用平面扫描技术将研究区域划分成已经进行了三角剖分的区域与未进行三角剖分的区域，大大提高了 Delaunay 三角剖分算法的效率[115]。Krista 等将平面扫描技术应用于空间数据的空间聚类分析中，提出了一种可以处理大数据量空间数据库的空间聚类方法[116]。Tomasz Koziara 等将三维包围盒投影到扫描平面，对其进行降维处理，通过二维矩形间的相交计算，来加速三维包围盒的相交判断[117]。

针对目前三维空间对象间的相交检测算法存在的缺陷，借鉴二维平面扫描技术，本书提出了一种空间扫描策略，进而提出了一种基于空间扫描策略的三维相交检测算法——Space Sweep 法。该算法的基本思路是：根据空间扫描的分区特性，在虚拟扫描面的移动过程中，将场景内空间对象的状态划分为死亡态、激活态和休眠态。通常，该算法只对处于激活态的空间对象进行相交计算，这样充分利用了检测过程中位于虚拟扫描轨迹前、后分区内空间对象之间的联系，对检测过程进行了优化，减少了场景内各个空间对象间大量不必要的相交检测，在显著提高算法效率的同时，也解决了大数据量、复杂场景内相交检测的实时性问题。

4.3.2　相关概念及空间扫描策略

定义 4.1　空间扫描面(sweep plane，以下简称 SP)是三维空间中一个假想的平面，其方程如下：

$$AX + C = 0 \tag{4.5}$$

其中：$C = (c_1, c_2, c_3)$ 为扫描面的起始点(其中 c_i 为 0 维胞腔)；$X = (x, y, z)$ 为扫描面上任意一点；$A = (a_1, a_2, a_3)$ 为参数，且满足以下条件：

$$\begin{cases} a_1 \times a_2 \times a_3 = 0 \\ a_1 \times a_2 \times a_3 \neq 0 \end{cases} \tag{4.6}$$

定义 4.2　事件点。在扫描的过程中，SP 会在某些特殊的点停顿，进行一些分析操作，这些点被称为事件点。事件点可以是任何分析算法感兴趣的空间要素，包括对象之间的交点和特征点等，具体定义如下：

$$\text{EVENT}(Xi) = Xi \,|\, \{\text{Intersect Point Set, Feature Point Set}\} \tag{4.7}$$

其中：$Xi = (x, y, z)$，代表空间位置。

定义 4.3　事件点触发的动作，指算法在事件点位置对空间对象进行的所有分析和操作，以及对空间对象进行的称为事件点触发的动作。在相交检测的算法中，主要是空间对象间的相交计算，具体定义如下：

$$\text{ACT}(P) = \text{Event}(P) \,|\, \{\text{Analyze Operation}\} \tag{4.8}$$

其中：P 代表事件点。

定义 4.4　事件点列表，指事件点依照算法确定的空间排序关系进行存储，从而构成的事件点集合。事先能够确定的事件点列表在扫描过程中不再变化，称为静态事件点列表；需要在扫描过程中动态更新的事件点列表，称为动态事件点列表。

将二维空间中的平面扫描技术拓展到三维空间，参考二维空间中的定义，给出空间扫描策略的描述如下[112, 118 – 119]：

假设三维场景中有一个空间对象的集合 $S = \{\text{Complex}_1, \text{Complex}_2, \cdots, \text{Complex}_n\}$，空间扫描面 SP 从事件点的起始端向末尾端移动，在 SP 对场景扫描的过程中，动态维护 $S \cap \text{SP}$ 的空间对象集合，同时要满足两个规则：

规则 4.1　位于 SP 左端的空间对象已经参与了分析操作，将不再参与以后的分析操作。

规则 4.2　位于 SP 右端或与 SP 相交的空间对象是待要进行分析操作的对象，需要对这些空间对象的集合进行实时的更新。

在 SP 扫描过程中，根据每个空间对象与扫描面 SP 的关系，可以将空间对象

集合 S 分为以下三种状态的空间对象(如图 4.7 所示,SP 是当前进行的扫描面,虚框表示的是已经或者即将进行的扫描面,T0 ~ T7 是一系列空间三角面对象):

(1)死亡态(dead state)空间对象,位于扫描面 SP 左侧的空间对象,它们是已经进行过相交测试的空间对象,将不再参与求交计算;

(2)激活态(active state)空间对象,与扫描面 SP 相交的空间对象,它们是正在进行相交测试的空间对象;

(3)休眠态(sleeping state)空间对象,位于扫描面 SP 右侧的空间对象,它们是暂时不参与相交测试的空间对象,只有当扫描面到达它们所处的事件点时,才触发相应的求交计算。

在相交检测的过程中,随着扫描面的移动,每个空间对象的状态发生相应的转变,转变过程如图 4.8 所示。该过程仅对处于激活态的空间对象进行求交计算,而不考虑处于死亡态和休眠态的空间对象。因此,利用空间扫描策略进行相交检测,可以有效地减少实际求交运算的次数,进而可以提高检测的效率。

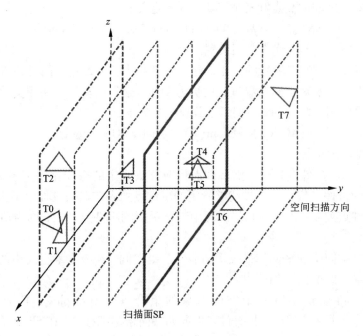

图 4.7　空间对象三种状态

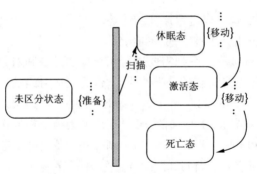

图 4.8 空间对象状态转变图

4.3.3 算法技术流程设计

为了加快相交检测的过程,本书将红蓝思想引入本算法中[120-123],通过对不同空间对象的分组,来加速复杂场景中空间对象间的相交检测。算法流程如图 4.9 所示,具体过程描述如下。

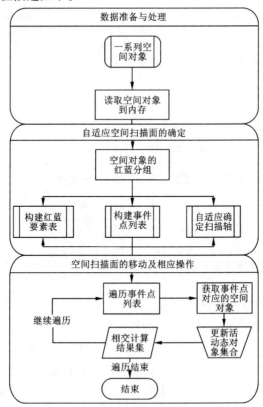

图 4.9 Space Sweep 算法的流程图

下面对算法的实现流程进行详细的论述。

(1)空间对象分组和事件点列表的构建

算法首先从外部读取一系列需要进行相交检测的空间对象,按照用户预定义的属性(或空间对象本身具有的分类性质),作为红蓝分组的标准,分别构建红蓝要素分组列表(red feature table 和 blue feature table)。在读取每个空间对象的同时,将其 X 最大值 $x\mathrm{MAX}$、Y 最大值 $y\mathrm{MAX}$、Z 最大值 $z\mathrm{MAX}$ 作为事件点,分别放入顺序表 $x\mathrm{Table}$、$y\mathrm{Table}$、$z\mathrm{Table}$ 中。为了剔除相同值,可以将三个顺序表定义为 Set 集合类型。当所有对象都读取完毕后,选择顺序表 $x\mathrm{Table}$、$y\mathrm{Table}$、$z\mathrm{Table}$ 中记录最多的作为事件点列表(event table),并对事件点列表中的记录按照坐标从大到小的顺序进行排列。

其中,空间对象和红蓝对象分组列表对象的结构(实线框表示具有的操作,在此只给出了名称,返回值类型和参数列表省略;虚线框表示具有的属性)如图 4.10 和图 4.11 所示:

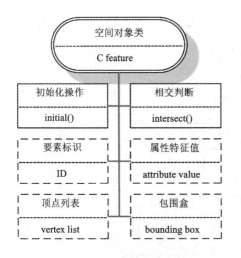

图 4.10 空间对象类结构图

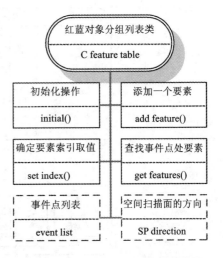

图 4.11 红蓝对象分组列表类结构图

(2)三维空间扫描面的自适应确定

基于空间扫描策略的三维相交检测算法的核心在于通过空间扫描面 SP 将空间对象分为死亡态、激活态、休眠态三个状态,仅对处于激活态的对象进行实际相交计算,从而减少相交计算的数量,加快检测的速度。因此,有效地对空间对象进行划分,减少处于激活态的空间对象个数,是提高算法效率的关键。本书依据 X、Y、Z 方向空间对象分布的特征,根据以下公式可确定空间扫描面的轴向(用 $\varPsi$ 来表示):

$$\Psi = \max\{\Psi x, \ \Psi y, \ \Psi z\} \tag{4.9}$$

其中：$\Psi_j = \sum_{i=0}^{n} \text{act}(Si)$，$j = x$，$y$ 或 z；$\text{act}(Si)$ 是激活态空间对象触发的动作计数器。

空间扫描面的确定，最重要的步骤是扫描轴的确定，算法实现过程中通过调用公式(4.9)，可以自动计算出扫描轴的方向(X、Y 或 Z 轴向)，进而可以根据扫描面的定义，自适应地完成空间扫描面的构建。利用这种自适应方式进行空间扫描面的构建，可使空间对象的状态划分更加合理，能够有效地减少同时处于激活态的对象个数，进而减少实际相交计算次数。

(3)空间扫描面的移动与事件点触发的动作

空间扫描面按照事件点列表中事件点的顺序，从表头逐步向表尾移动，并在事件点位置触发相应的动作。事件点触发的动作包括更新空间对象的状态、实时更新激活态对象集合以及对处于激活态的空间对象进行相交计算。

以 Z 轴向事件列表和平行于 XY 平面的空间扫描面为例进行阐述，当空间扫描面从前一个事件点(previous event)移动到当前事件点(current event)时，分别从红蓝对象列表中查找 current event 事件点所对应的空间对象，即所有 zMAX 等于 current event 值的空间对象；从激活态对象集合(active feature set)中查找与 current event 事件点满足某种逻辑关系的空间对象，即所有 zMIN 大于 current event 值的空间对象。将 current event 所对应的空间对象的状态从休眠态改为激活态，并将其添加到激活态对象集合中；将与 current event 满足逻辑关系的空间对象的状态从激活态改为死亡态，并将其从激活态空间对象集合中删除。

在每次往激活态空间对象集合中添加空间对象时，将其与集合内其他空间对象进行相交计算操作。为了加快计算的速度，先利用包围盒技术，判断参与相交计算的空间对象的包围盒之间的空间关系，如果两个包围盒不相交，那么这两个空间对象也不会相交，这样可以进一步减少不必要的相交计算操作。如果两个空间对象相交，则将其添加到计算结果集中。

空间扫描面移动和事件点触发的动作的主要算法描述如下：

Step 1：将空间扫描面从前一个事件点(previous event)处移动到当前事件点处；

Step 2：更新激活态对象集合中对象状态，移除死亡态的对象；

Step 3：从红对象分组列表中获取当前事件点(current event)对应的空间对象集合(red feature set)；

Step 4：将 Step 3 中 red feature set 中的对象状态从休眠态变为激活态，添加到激活态对象集合中，并执行相应的操作；

Step 5：对蓝对象分组列表执行 Step 3 和 Step 4。

4.3.4 案例与算法分析

该算法的理论时间复杂度为 $O(nlg2n)$，本节算法用 C++ 实现。为了验证本算法，在相同的系统测试环境下，在 PC 机(主频 1.8GHZ，内存 1GB)上，设计了 2 组试验：①对不同数据模型进行检测效果的对比实验；②与同类方法进行性能的对比实验。

（1）对不同数据模型进行检测效果的对比实验

该实验采用地质体和矿体数据模型，实验相关参数及其运行时间统计结果如表 4.3 所示，检测效果如图 4.12 所示。

表 4.3　不同数据模型检测效果对比

数据模型	三角形对数	相交对数	时间(μs)
矿体	6130	889	100
地质体	8384	641	212

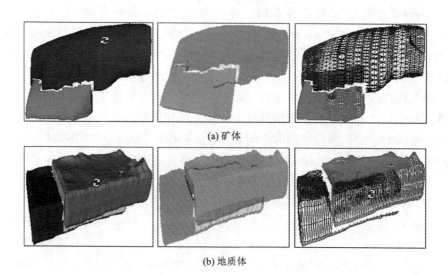

(a) 矿体

(b) 地质体

图 4.12　不同数据模型检测效果图(其中自右向左分别为实体显示、透明显示和线框模式)

综合表 4.3 及图 4.12 可以看出，本书的算法能够准确、快速地检测出场景中空间对象的相交情况。

（2）与同类方法进行性能的对比实验

在该部分的实验中,为了能够更清晰直观地检验本书算法的效率,排除空间索引对该算法效率的影响,故没有对三维空间对象采用索引组织。本书选用基于 OBBTree 的 RAPID 相交检测算法和基于扫描球包围的 PQP 相交检测算法,与本书算法进行了对比测试。为了进行对比测试,本书分别采用具有 500 个 vs 500 个三角形对,1000 个 vs 1000 个三角形对,5000 个 vs 5000 个三角形对,10000 个 vs 10000 个三角形对构成的实体表面三角网模型作为试验样本数据。利用 Space Sweep 法(本书的方法)、RAPID 法和 PQP 法进行了相交检测,算法的测试结果统计表和效率对比图,分别如表 4.4 和图 4.13 所示。

表 4.4 不同相交检测算法测试结果统计表

几何单元数目	500(对)		1000(对)		5000(对)		10000(对)	
对比内容 采用的方法	相交对数	时间(μs)	相交对数	时间(μs)	相交对数	时间(μs)	相交对数	时间(μs)
Space Sweep 法	59	6	239	13	5800	133	22363	457
RAPID 法	59	7	239	17	5800	176	22363	534
PQP 法	59	44	239	99	5800	868	22363	2530

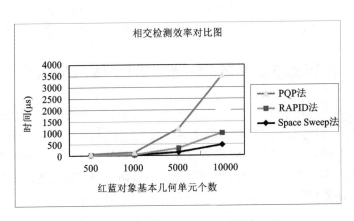

图 4.13 不同相交算法执行效率对比图

通过该实验,可以看到本书的算法可以有效地减少实际进行相交计算的三角面片的对数,从而大大提高相交检测的效率。此外,RAPID 和 PQP 这两种算法对空间对象模型的基本组成单元做了限定,要求基本几何单元必须为三角面片。本书算法在实现的过程中,不必考虑空间对象模型的基本几何单元,从而打破了这种限定,具有更广泛的实用性。

(3)算法分析

一般来说,该类算法的消耗可以用以下函数来表示:

$$T = Nv \times Cv + Np \times Cp + Nu \times Cu + Cd \tag{4.10}$$

其中:T 是相交检测的总耗费;Nv 是参与相交测试的包围盒的对数;Cv 是一对包围盒相交测试的耗费;Np 是参与求交计算的基本几何单元的对数;Cp 是一对基本几何单元求交计算的耗费;Nu 是空间扫描面移动时关联对象的个数;Cu 是每个相关联的空间对象进行状态转变需要的耗费;Cd 是指内存开辟、数据遍历等其他耗费。

由于本书采用了几何特性简单的 AABB 包围盒,只需要 M 次($M \leq 6$)比较运算。基于空间扫描策略的思想,仅需要对少量处于激活态的空间对象进行相交检测,这样就使 Nv 和 Np 大大减少。同时,本书采用了红黑树来管理数据模型和事件点,算法在 Cu 和 Cd 方面的耗费非常少,与前面两项相比基本可以忽略。

相交检测不仅是计算几何领域的基本问题,也是 3D GIS 空间拓扑分析的基础。因此,提高相交检测算法的执行效率,也是 3D GIS 的核心问题。基于此,本书设计了一种基于空间扫描策略的三维相交检测算法。该算法不仅可以实现简单场景下两两空间对象间的实时相交检测,而且可以实现复杂场景的快速相交检测。由于该算法不必考虑空间对象模型的构成单元,因此,打破了目前大多数相交检测算法对基本几何、拓扑单元的限定,具有更广泛的实用性。该相交检测算法可以应用到布尔运算算法的实现过程中,以提高布尔运算的执行效率。

4.4 基于胞腔复形链的三维空间实体布尔运算

在对地下空间对象进行三维表达与分析计算中,许多功能涉及空间对象的几何、拓扑操作,这些功能往往可以归结为三维空间实体间的布尔运算。本书设计实现了基于胞腔复形链的三维空间实体布尔运算算法,该算法的基本思想是:将待运算的目标体对象和工具体对象分别用统一数据模型进行描述,并实例化相关的胞腔复形链操作算子;在对两个空间对象进行具体的布尔运算前,先利用 4.3 节实现的三维相交检测算法,剔除掉完全不可能相交的情形,再在具体求交过程中对目标体和工具体中不同维度的胞腔彼此求交,最后通过分类和归并等操作完成整个运算过程。

4.4.1　基于胞腔复形链的布尔运算框架

基于胞腔复形链对地下空间对象静态结构的描述和表达，使得复杂的空间对象几何关系计算和拓扑关系更新操作相对简单；利用胞腔复形链的相关操作算子可以方便地完成布尔运算过程中几何算子和拓扑算子的组合运算，能够保证算法的正确性和有效性。本书采用 Muuss 和 Bulter(1991) 提出的布尔运算算法框架实现了能够处理地下空间对象的布尔运算。图 4.14 显示了该算法的总体框架。

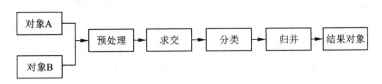

图 4.14　Muuss 和 Bulter 给出的布尔运算算法框架

在该算法框架中，在进行布尔运算之前，先对目标体(对象 A)和工具体(对象 B)进行共面、共线和共点判断。若发现二者有共享的几何元素，则记录下来，以便于后面的求交、分类和归并运算。

对于基于胞腔复形链的地下空间对象统一数据模型，假设目标体为一个三维胞腔复形 $3 - Complex\_Target = \{3 - Cell_1, 3 - Cell_2, 3 - Cell_3, \cdots, 3 - Cell_m\}$(即目标体由 m 个三维胞腔组成)，工具体也是一个三维胞腔复形 $3 - Complex\_Tool = \{3 - Cell_1, 3 - Cell_2, 3 - Cell_3, \cdots, 3 - Cell_n\}$(即工具体由 n 个三维胞腔组成)，布尔运算类型 $<OPT> = \{Intersection, Union, Difference\}$(即布尔交运算、布尔并运算和布尔差运算)，生成的结果对象类型 $<CRT> = \{Old, New\}$。基于胞腔复形链的思想，对 Muuss 和 Bulter 给出的布尔运算框架进行扩展，设计了基于胞腔复形链的空间对象间布尔运算过程框架，如图 4.15 所示。

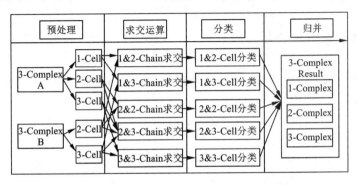

图 4.15　基于胞腔复形链的布尔运算过程框架

该布尔运算过程框架的核心是将目标胞腔复形 3 – Complex_Target 中每个 k 维胞腔($1 \leqslant k \leqslant 3$)与工具胞腔复形 3 – Complex_Tool 中的每个 k 维胞腔($2 \leqslant k \leqslant 3$)进行求交、分类等布尔子运算，通过获取每个胞腔对应的胞腔复形链，利用其边界/协边界算子可以方便地完成这些运算。

4.4.2　布尔运算实现过程

基于上述布尔运算框架，对其具体的实现过程描述如下：

（1）预处理阶段。如果 < CRT > 为"New"，则复制目标胞腔复形 3 – Complex_Target 和工具胞腔复形 3 – Complex_Tool；如果 < CRT > 为"Old"，则在布尔运算过程中直接在目标胞腔复形 3 – Complex_Target 和工具胞腔复形 3 – Complex_Tool 上进行相应几何计算和拓扑重构操作。接下来遍历目标胞腔复形 3 – Complex_Target 和工具胞腔复形 3 – Complex_Tool 中的不同维度的胞腔，并分别调用相应类别的胞腔复形链来执行几何和拓扑操作算子。

（2）求交运算阶段。首先，在每个 k 维胞腔($1 \leqslant k \leqslant 3$)间的布尔运算算法中，执行 k 维胞腔间求交运算，得出 k 维胞腔间 0 维胞腔对（即交点对），记录 0 维胞腔对的分类信息；然后，判断其他胞腔包含的 0 维胞腔相对于另一个胞腔复形对象的位置关系并记录这些 0 维胞腔的分类信息；之后，再分别在目标胞腔复形 3 – Complex_Target 和工具胞腔复形 3 – Complex_Tool 中增加公共 0 维胞腔对；最后，根据这些 0 维胞腔对信息更新目标和工具胞腔复形的拓扑信息。

（3）分类阶段。根据在插入公共 0 维胞腔（交点）前判断出的目标复形和工具胞腔复形中本身具有的 0 维胞腔的分类信息，在分类阶段进一步得出其 1 维胞腔、2 维胞腔相对于另一个 k 维胞腔($1 \leqslant k \leqslant 3$)的分类信息。

（4）归并阶段。根据具体的 < OPT > 归并各个 k 维胞腔间布尔运算生成的新胞腔，修改相关拓扑结构，获取结果胞腔复形中的各个维度的胞腔集合，进而生成最终的结果胞腔复形 3 – Complex_Result。

4.4.3　案例与分析

为了验证本书实现的布尔运算算法的正确性和有效性，选取了两个矿体进行布尔交运算，结果如图 4.16 所示。

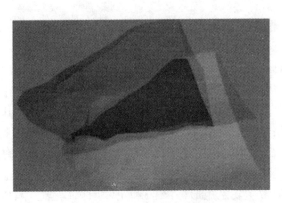

图 4.16　两个矿体布尔交运算的结果

通过图 4.16 可以看出,利用本书设计的布尔运算算法对两个地下空间对象进行布尔操作时,能够得到理想的结果。同时,由于在布尔运算的过程中应用了三维空间相交检测算法,提高了两个空间对象求交计算的效率,因而大大提高了布尔运算操作的执行效率。

基于胞腔复形链的统一数据模型,为地下空间对象三维表达与分析计算提供了完备的代数拓扑描述机制,同时也为布尔运算算法的设计与实现提供了有效的数据结构和操作算法。在对地下空间对象进行模拟与分析的过程中,将许多具体的空间分析与计算操作统一到布尔运算的功能上,便于从理论高度提升三维 GIS 空间计算和分析的能力。

4.5　基于统一数据模型的三维空间网格离散

利用上述统一数据模型的三维空间分析与计算方法,可以进行地下空间对象的三维建模与模拟。但此时得到的地下空间对象的三维模型是一个表面模型,为了有效地支持地学分析与计算,需要对三维模型进行网格离散。利用胞腔复形链将属性信息与特定的网格单元进行关联,可以实现地下空间对象几何、拓扑和属性信息的统一描述与表达。

网格离散(生成)是将给定的空间(或对象)离散为简单拓扑(几何)单元集合的方法,是构建规则和非规则数据场的重要方法之一。在对当前网格离散算法进行总结分析的基础上,本节将研究基于统一数据模型的三维空间网格离散操作算法的设计与实现过程。

4.5.1 三维空间网格离散算法总结

网格离散是计算流体力学中的关键技术问题，不论是飞机发动机的内流场，还是飞机、汽车的外流场计算，都涉及复杂形体的网格生成。在地下空间对象的建模与模拟中，由于地下的地层和断层结构错综复杂，只有将其离散成四面体或六面体等其他网格单元后，才能很好地进行相关的分析计算。此外，网格离散也是科学计算可视化技术中的关键问题，尤其是对于复杂域数据场的可视化，生成稳定可靠的网格是极其重要的步骤。

早期的网格离散主要是矩形（二维）和正六面体（三维）网格离散，矩形和正六面体网格的局限性非常大（比如不能很好地拟合空间或对象的边界），只适用于简单、规则的情况。为了增加网格的灵活性，四边形（二维）和六面体（三维）网格离散方法应运而生。尽管四边形和六面体网格比矩形和正六面体网格灵活，但仍然无法离散许多复杂的对象（或空间）。因此，许多学者开始研究以三角形（二维）和四面体（三维）为基本网格单元的离散方法。三角形和四面体可以用拓扑空间中的胞腔来表示，可以对任意复杂的空间或对象进行剖分，所生成的网格就有较好的灵活性。三角形和四面体网格离散方法的应用十分广泛，在有限元分析、计算流体力学、岩石力学数值模拟、科学计算可视化等工程应用领域发挥着至关重要的作用。

目前，三角形和四面体网格生成的算法中应用较多的可以归结为以下三类。

（1）八叉树法（octree method）

八叉树网格离散方法的主要思想是：不断细分包含空间对象的立方体，直到满足要求的分辨率时停止分裂。在这个过程中，当立方体与空间对象表面相交时，经过大量的相交计算，便会生成一系列几何单元（边界处是不规则的，内部为规则的）。最后，进一步分解边界上的不规则单元与内部的规则单元即可得到四面体网格。图 4.17 显示了与三维空间八叉树网格离散等效的四叉树剖分二维空间对象的过程。

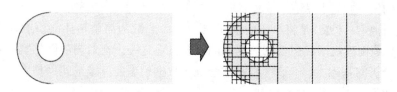

图 4.17　四叉树离散一个二维空间对象示意图

　　八叉树方法生成的网格会随立方体方向的改变而发生变化，为了避免生成的网格发生太大的变化，在进行八叉树剖分的过程中，应将相邻立方体的分解级别的差值限制在尽量小的范围。

（2）Delaunay 法

　　在对空间对象进行三角形/四面体剖分时，有许多种不同的方式生成三角形/四面体网格。但在实际的工程应用中，利用网格进行分析计算时，往往希望网格单元尽量饱满，从而保证计算精度。当把空间对象按照 Delaunay 准则（即在三角形/四面体剖分过程中，外接圆/球内部不包含任何网格顶点的三角形/四面体，图 4.18 给出了二维 Delaunay 准则的示意图）剖分成 Delaunay 三角形/四面体网格时，最能满足网格单元最饱满的需求。Delaunay 法有两个重要特性，即最大 – 最小角特性和空外接圆特性。最大 – 最小角特性使它在二维情况下自动避免了生成小内角的长薄单元，特别适用于网格生成；空外接圆特性就是 DT 中的每个三角形单元或四面体单元的外接圆/球都不包含其他节点。正是由于 Delaunay 法具有很好的理论基础和数学特性，能够确保对于任何复杂的输入模型进行三角化时算法的收敛性，故 Delaunay 法是目前最流行的通用全自动网格离散方法之一，在地学领域应用十分广泛，常被用以进行地表三维建模和模拟等。

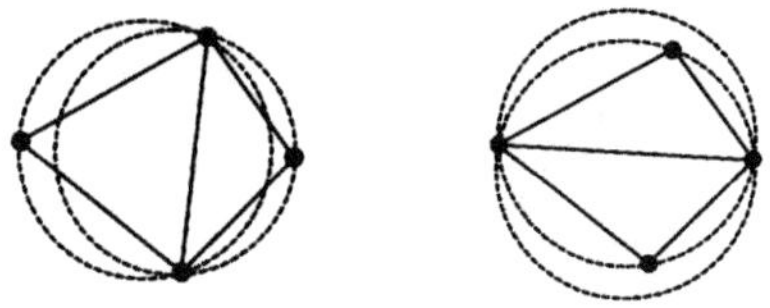

(a) 满足Delaunay准则情况　　　　(b) 不满足Delaunay准则情况

图 4.18　Delaunay 准则示例

（3）网格前沿法（advancing front method）

　　网格前沿法是几何分解法的一种，又称启发式网格生成方法，是近年来逐渐发展成熟的全自动网格生成方法之一。网格前沿法最大的特征是能够生成复杂形状的非结构网格。由于其具有简洁性和易于实现性，该方法在工程中被广泛使用。网格前沿法的基本思路是以待剖分区域的边界为网格的初始前沿，按照默认网格单元的形状、尺寸等要求，从初始前沿开始依次插入一个节点，再连接节点生成新的单元，同时更新网格前沿，如此逐步向剖分区域内推进，直至所有空间被剖分完毕，如图 4.19 所示。

　　网格前沿法对空间对象边界的适应能力强，能够处理比较复杂的对象，且最终网格质量较好，其最显著的优点是能够在生成节点的同时生成单元，这样就可以在生成节点时对节点的位置加以控制，从而控制单元形状、尺寸以达到质量控

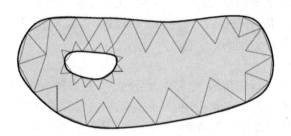

图 4.19   二维空间下网格前沿法剖分的示意图

制、局部加密及网格过渡的要求。因此网格前沿法受到许多学者的青睐，并被迅速推广到网格离散的其他重要领域及其并行化的若干问题研究领域，如曲面网格离散、自适应网格离散、各向异性网格离散及并行网格离散等。

4.5.2   基于统一数据模型的四面体网格离散算法

基于以上描述，以网格前沿法为例，本书设计了基于胞腔复形链的四面体网格离散算法，该算法的流程如图 4.20 所示。

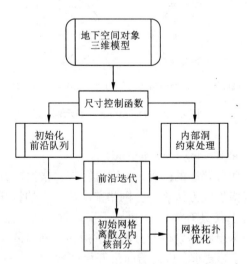

图 4.20   基于网格前沿法的四面体网格离散算法流程图

该算法具体的实现过程为：

（1）待剖分地下空间对象的表达

为了满足利用网格前沿法进行四面体离散过程中大量空间计算的需要，地下空间对象用本书提出的统一模型的数据结构进行表达。该模型包括了 0 维胞腔、1 维胞腔、2 维胞腔和 3 维胞腔 4 个类型的实体，分别代表空间对象的结点、线段、三角形和四面体(待生成)4 类几何要素，通过胞腔与胞腔复形的构造关系及胞腔复形链的操作算子，实现了空间对象之间、几何元素之间，以及空间对象与几何元素之间的几何、拓扑关系的表达。图 4.21 给出了一个待四面体离散的地质体对象基于统一数据模型的表达模型。

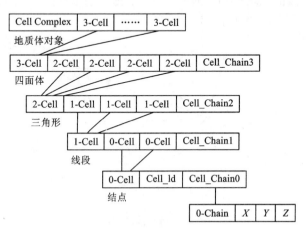

图 4.21　待四面体离散的地质体对象表达模型

该模型能够很好地契合网格数据模型对于实体表面和内部特征约束的统一表达的要求，其内部拓扑信息的完备与唯一性也可以确保网格离散过程中的搜索、查找操作。同时，在此基础上增加边、前沿、单元集合，可以有效地进行网格离散过程中的前沿管理。

(2)初始化前沿队列

地下空间对象有其分布区域广、边界复杂以及特征约束较多等方面的特点，其约束可以归纳为边界约束和特征约束两大类。边界约束包括外部边界约束和内部边界约束(即内部洞约束)；特征约束包括内部点约束(如特征点)、线约束(如地质界线、断层线)和面约束(如结构面)等。

在网格初始剖分前，需要声明两个前沿集合，分别为活跃前沿集(active fronts)和非活跃前沿集(general fronts)，前沿集以键值对的形式填充，分别对应前沿面积和前沿；同时还需要声明 0 维胞腔约束集(constraint 0 cells)和 1 维胞腔约束集(constraint 1 cells)，分别表示约束点集和约束边集。然后，根据尺寸控制函数，将边界约束以及特征约束进行处理并加入网格数据结构中。

约束处理及前沿准备的最终结果是一系列法线朝向实体内部的 2 维胞腔(三

角形)前沿,及一系列0维胞腔和1维胞腔。所有的前沿构成了初始前沿队列,0维胞腔和1维胞腔约束与待剖分地下空间对象一起构成了四面体网格离散的初始状态。

(3)初始网格剖分

当前沿队列初始化完毕,即进入初始网格剖分阶段时,由于网格前沿法在小面积前沿优先推进的情况下生成的网格整体质量较高,为此,在每层前沿推进前,需将活跃度按面积从小到大的顺序排列,即将前沿集合中的所有元素按照键值(前沿面积)从小到大进行排序。

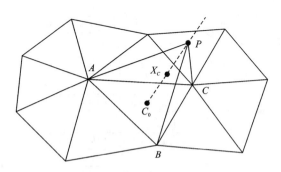

图4.22 前沿推进示意图

按顺序依次遍历活跃前沿集中的每一个前沿,如图4.22所示,计算新0维胞腔或使用已存在0维胞腔,利用胞腔复形链的边界/协边界算子构建3维胞腔及其对应的胞腔复形链,同时更新当前前沿队列以及下一层前沿队列 Ω_N。当前前沿队列为空时,激活下一层前沿队列,直至 Ω_C 和 Ω_N 均为空,则完成初始网格离散过程。

(4)内核剖分

一般来说,按以上过程完成初始剖分后,基本可以完全剖分待离散区域。对于偶然存在的不能剖分的空腔,本书采用基于线性规划的方法,通过在内核多面体中加入 Steiner 节点的方式予以解决[124]。该节点能够有效地与内核多面体的所有三角面片连接生成合法四面体单元,进而实现该多面体的剖分过程。

(5)网格拓扑优化

网格离散不可避免地会产生一些质量较差的网格单元,尤其在待剖分实体区域存在复杂特征约束的前提下,网格质量所面临的威胁进一步增大。网格质量是影响数值求解效率、收敛性和精度的关键因素。为了提高网格质量、改善网格拓扑结构,需要对生成的网格进行拓扑优化处理。本书主要是利用胞腔复形链来改变拓扑单元的局部连接关系以提高网格质量。

在地下空间对象完成了四面体网格离散操作后，便实现了对统一数据模型中 3 维胞腔的赋值。通过胞腔复形链将其与一定的属性特征进行关联，可以实现地下空间对象几何、拓扑、属性信息的统一描述与表达。

4.5.3 案例分析

为了验证该四面体网格离散算法的正确性和有效性，本书选择一个金属矿体进行离散操作，得到了该实体的四面体格网模型，如图 4.23 所示。

(a) 复杂地质体的网格离散   (b) 带内部洞约束的地质体网格离散

图 4.23 基于胞腔复形链的四面体网格离散实例

从图 4.23 可以看出，用本书的离散方法得到的四面体网格与原空间对象边界具有很好的一致性。

4.6 基于胞腔复形链的空间对象模型细分光滑算法

基于本书构建的统一数据模型，利用上述的相关操作算法可以实现复杂地下空间对象的真三维建模与分析计算。然而，由于地下空间对象的复杂性，构建的三维对象模型往往比较粗糙。为了能够更逼真地表达地下空间对象，对三维对象模型的光滑操作是一个重要的研究内容。本节将研究基于胞腔复形链的细分光滑算法的设计与实现过程。

4.6.1 细分曲面造型技术概述

细分曲面造型技术的基本思想是：从给定的初始控制网格曲面，按一定的几何规则递归计算新网格顶点，并通过一定的拓扑规则与已有的网格顶点相连，得到一个新的细化网格曲面。其主要步骤包括顶点重定位和拓扑重构。

可以处理多边形网格的最经典的两个细分方法是 Catmull-Clark 和 Doo-Sabine 细分算法[125-126]；1987 年 Loop 提出了针对三角形网格的逼近型细分方法，Loop 细分策略[127]；1990 年，Dyn, Levine 和 Gregory 提出一种针对三角形网格的插值型细分方法——蝶形细分算法[128]；1996 年，Denise Zorin 对蝶形细分算法进行了改进，提出了改进的蝶形细分算法[129]。此后，随着细分曲面造型技术的发展，诸多学者提出了许多新的细分方法，如 sqrt(3)细分算法、4-8 细分算法、半静态回插细分法、蜂窝细分法等[130-132]。

为了便于后续论述的展开，下面将介绍网格细分中的一些基本概念(其中，用 M 表示一个细分曲面网格，v 表示 M 中的任一顶点)。

顶点 v 的价：是指通过公共边与顶点 v 相连的顶点个数。正则顶点：当 M 为三角形网格时，如果 v 为网格内部顶点且价等于 6 或者 v 为边界顶点且价等于 4，则称 v 为正则顶点；当 M 为四边形网格时，如果 v 为网格内部顶点且价为 4 或者 v 为边界顶点且价为 3 或 2，则称 v 为正则顶点。非正则顶点称为奇异顶点。奇顶点是指在每一级细分中，按照某种细分规则新生成的顶点。偶顶点是指在每一级细分中，所有从上一级控制点继承得到的顶点。

4.6.2 基于胞腔复形链的 Catmull-Clark 算法

接下来以经典的细分方法——Catmull-Clark 算法为例，阐述基于胞腔复形链的网格细分算法的实现过程。

要实现 Catmull-Clark 细分算法，则需要了解该细分算法的操作规则。Catmull-Clark 的细分规则为：

(1)面顶点(face vertex)为多边形顶点的平均值；

(2)边顶点(edge vertex)由边的端点平均值和相邻面的面顶点计算得到。

根据胞腔复形链的定义，细分曲面网格 M 可以定义为由 0 维胞腔、1 维胞腔和 2 维胞腔构成的 2 维胞腔复形(标记为 mesh)，且每个 2 维胞腔的边界是由 1 维胞腔组成的闭合环。基于该胞腔复形 mesh，定义一个 0 维的胞腔复形链来给定 0 维胞腔的位置，表示为 mesh. chain0_p(其中，$p \in R^3$)。

对网格 M 进行 Catmull-Clark 细分操作，就是遍历网格 M 的每个网格单元，进行递归处理的过程。在每次递归过程中，保留已有的 0 维胞腔(即上一级的控制点)，并添加新的 0 维胞腔(即新顶点)到网格 M 中，进而可以将一个较大的四边形胞腔分裂成四个较小的四边形胞腔，较大的四边形胞腔的顶点仍为旧的 0 维胞腔，如图 4.24 所示。新增的顶点包括两种：新面顶点(图 4.24 显示了 5 个该类型的新顶点，并对其中的 2 个进行了标记)和新边顶点(图 4.24 显示了 4 个该类型的新顶点，并对其中的 2 个进行了标记）。图 4.24 中标记的中间点，是在细分操作过程中的临时顶点，不属于网格顶点。

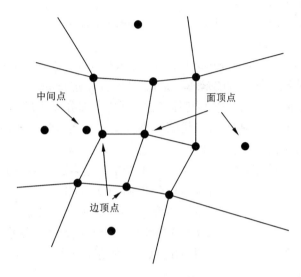

图 4.24　Catmull-Clark 算法示意图

　　根据 Catmull-Clark 细分规则，新面顶点的坐标值可以由 2 维胞腔（四边形）关联的四个角点坐标的平均值求得；这些角点的坐标值是利用胞腔复形链进行存储的，因此新面顶点的坐标值也将保存在 R^3 空间中的 2 维胞腔复形链中，利用边界/协边界算子（dim_inc 方法），从 0 维胞腔相关联的胞腔复形链推导出 2 维胞腔相关联的胞腔复形链，其计算的过程如下：

$$\text{chain2\_face\_points} = \text{chain0\_p.dim\_inc}(2,\ \text{average},\ \text{false})$$

其中：维度增长数 delta_p 为 2；操作函子 op 为 average（表示进行求平均值操作）；布尔变量 is_signed = false，表示在计算时不考虑（胞腔的）方向。

　　要计算新边顶点，需要先为 1 维胞腔（边）确定中间点的坐标信息，即利用胞腔复形链的边界/协边界算子，从 0 维胞腔相关联的胞腔复形链推到求得，其计算过程如下：

$$\text{chain1\_midpoints} = \text{chain0\_p.dim\_inc}(1,\ \text{average},\ \text{false})$$

其中：维度增长数 delta_p 为 1；其他算子参数与求新面顶点时参数一致。

　　接下来，新边顶点的坐标值可以由以下两步求出：

　　第一步：求出共享同一个 1 维胞腔的两个 2 维胞腔上的新面顶点坐标的平均值，记为 η。

　　第二步：计算 η 与该 1 维胞腔上的中间点坐标的平均值，即可求出该 1 维胞腔上的新边顶点。

用胞腔复形链对上述实现过程的描述如下：

chain1_average_face_points =

  chain2_face_points. dim_inc(−1, average, false)。

chain1_edge_points =

  (chain1_midpoints + chain1_average_face_points)/chain_Real(2.0)

以上所有对胞腔复形链的操作都是在 R^3 空间中进行的。

计算出了新面顶点和新边顶点后，要完成整个细分操作过程，还需要将新顶点添加到网格 M 中，这是通过对网格的更新操作来实现的。利用胞腔复形链来实现这一过程的伪代码可以描述为：

for each（上一级胞腔复形 mesh 中的 1 维胞腔集合：1 − cells）

｜根据边顶点，生成一个对应的新 0 维胞腔(0 − cell)；

利用新 0 − cell 和 1 − cell 的两个边界 0 − cells，构建两个新的 1 − cells；

将新 0 − cell 的坐标信息保存到 0 维胞腔集合对应的胞腔复形链 0 − chain 中；

将新生成的两个 1 − cells 的坐标信息分别保存到 1 维胞腔集合对应的胞腔复形链 1 − chain 中；

｜

for each（上一级胞腔复形 mesh 中的 2 维胞腔集合：2 − cells）

｜ for each（组成 2 维胞腔的所有 1 维胞腔：1 − cells）

  ｜选择 1 − chain 关联的 0 维胞腔集合中一个 0 − cell 与面顶点一起构成一个新的 1 维胞腔(1 − cell)；

  ｜

  利用这些新生成的 1 维胞腔，构建新的 2 维胞腔；

｜

经过以上的操作，便完成了整个 Catmull-Clark 的细分过程，获得了新的胞腔复形 new_mesh。利用本书提出的基于胞腔复形链的 Catmull-Clark 细分方法，对一个正方体实行三次细分后所得的光滑效果如图 4.25 所示。

由图 4.25 可知，基于胞腔复形链实现的 Catmull-Clark 细分能够快速地实现模型的光滑操作，由于该细分算法属于逼近型细分方法，故它不能很好地保存模型的边缘信息。在实际的工程应用中，可以仿照 Catmull-Clark 细分算法的实现过程，基于胞腔复形链设计实现其他类型的细分算法(如插值型细分方法)。

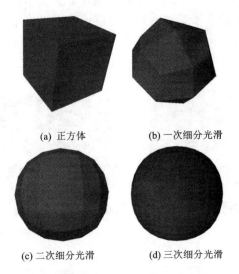

(a) 正方体　　　　　　　(b) 一次细分光滑

(c) 二次细分光滑　　　　　(d) 三次细分光滑

图 4.25　Catmull-Clark 细分实例

4.6.3　细分曲面造型的应用分析

结合细分曲面造型技术的特点和地质建模的需求，下面将详细阐述应用细分算法实现地质三维模型光滑操作的可行性，为光滑地质三维建模算法的设计与实现提供理论基础。

（1）简单有效性。每种细分策略需要较为简单的数据结构的支持，对模型曲面网格按照不同的模板进行相应的处理，就可以得到比较理想的光滑曲面。这样可以减少地质建模算法的复杂度，提高建模的效率。

（2）可以处理任意拓扑。真实地质体中存在大量地层不整合、断层错断岩层、地层尖灭和地下水出露于河谷地表等复杂的结构，这就造成了地质体间的拓扑关系的复杂性和任意性。而曲面细分造型技术可以处理任意的拓扑，对地层中经常出现的侵入体、透镜体等地质现象也可以进行处理，能确保模型在细分时拓扑的一致性和完备性。

（3）网格形式无关性。地质体形状的复杂性和工程应用的多样性，要求针对不同的地质复杂度、不同的工程阶段、不同的资料丰富度等来提出多种三维地质建模方法。因此，构建的三维地质体模型表面可以是三角形网格、四边形网格、多边形网格，甚至是三角形和多边形混合表达的网格。而曲面细分造型技术不仅有基于三角形网格的 Loop 细分、蝶形细分策略，也有基于三角形和多边形混合的经典 Catmull – Clark 细分策略。因此，曲面细分造型技术在三维地质建模中的应用是可行的。图 4.26 给出了基于胞腔复形链的改进蝶形细分算法在地质三维模型光滑中的应用实例。

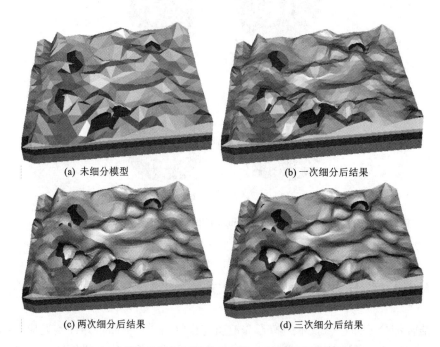

(a) 未细分模型   (b) 一次细分后结果

(c) 两次细分后结果   (d) 三次细分后结果

图 4.26　基于胞腔复形链的地质体三维模型光滑细分实例

本节的应用分析为细分曲面造型技术在地质三维建模及模型光滑中的应用提供了理论依据和技术支撑，为后续算法的设计与实现奠定了基础。

4.7　本章小结

本章主要描述了基于统一数据模型进行地下空间对象三维表达与分析计算过程中的三维空间分析与计算操作算法的设计与实现过程。通过这些三维空间分析与计算方法的设计与实现，完善了该统一数据模型的空间计算与操作功能，增强了其实用性。

（1）首先利用胞腔复形链对欧拉 – 庞加莱公式进行扩展，根据公式中的 6 个变量构建了 10 对欧拉算子，并给出了每种算子的详细功能说明和效果示例，为后续算法的设计与实现提供技术保障。

（2）将三维点集的区域查询操作描述为判断三维点集是否在多面体（代表区

域空间)内的检测算法。提出了一种基于三维凸壳的判断点集是否在多面体内的检测算法,该算法无须依次判断三维点集中每个点是否在多面体内,因而大大提高了三维点集的区域查询效率。

(3)针对空间对象拓扑分析时涉及大量相交计算导致分析实时性的问题,研究了基于统一数据模型的三维相交检测算法。在此基础上,结合构建的欧拉算子,给出了基于统一数据模型的三维空间实体间布尔运算操作算法的设计与实现过程。

(4)在对当前网格离散算法进行了详细的总结与分析基础上,研究了基于胞腔复形链的三维空间对象四面体网格离散操作算法。

(5)指出了地下空间对象三维表达中,三维模型的光滑操作是一个重要的研究内容,并以经典的细分方法——Catmull-Clark 算法为例,介绍了基于胞腔复形链的网格细分算法的实现过程。结合细分曲面造型技术的特点和地质建模的需求,阐述了细分技术实现地质三维模型光滑的可行性。

第5章 基于统一数据模型的盐腔围岩蠕变数值模拟与分析

利用前面章节构建的基于胞腔复形链地下空间对象三维表达与分析计算统一数据模型及其相关空间操作算法,本章以盐腔围岩蠕变数值模拟与分析为例,对统一数据模型层次结构的合理性和相关空间操作算法的可靠性进行实例验证。

5.1 数值分析总体流程

通过对研究区基础空间数据、声纳测腔数据等数据资料的分析,构建基于统一数据模型的盐腔围岩蠕变数值分析计算模型,实现盐岩围岩空间对象几何、拓扑、属性信息的统一表达;基于胞腔复形链对常用的力学元件进行表达,构建基本模型元件(后续会对其进行详细描述);通过对盐岩蠕变特性试验数据的对比分析,获取合适的盐腔围岩蠕变的机理模型(即应力 – 应变关系模型),结合真实观测数据进行模型参数识别,利用模型元件对选定的机理模型进行重构;在此基础上,进行基于统一数据模型的盐腔围岩蠕变数值模拟与分析。基于统一模型的盐腔围岩蠕变数值模拟与分析的总体流程如图 5.1 所示。

下面根据该流程,对基于统一数据模型的盐腔围岩蠕变数值模拟与分析的具体实现过程进行详细阐述。

5.2 实验数据的收集与分析

在对盐腔围岩进行蠕变数值模拟与分析的过程中,要涉及基础数据(基础地理、基础地质、工程地质等)、声纳测腔数据及盐岩力学特性试验数据等多种数据资料,下面对相关数据进行描述与分析。

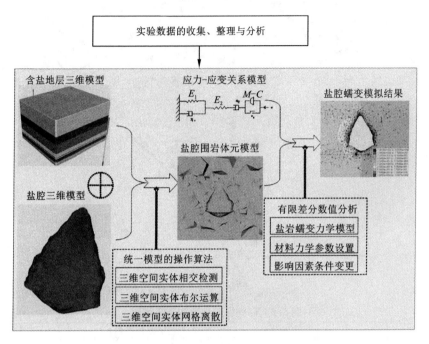

图 5.1   基于胞腔复形链的盐腔围岩蠕变数值分析总体流程图

5.2.1   基础数据的收集与分析

(1)基础空间数据。本节以江苏省金坛盐矿区作为研究区域,收集了该研究区的空间数据,其中包括基础地理数据和基础地质数据(图 5.2 显示了该矿区的地质构造平面图)。这些基础空间数据可以为后面构建三维模型时提供边界约束和地质构造约束。

(2)钻井数据。共收集和整理了研究区域 31 口钻井的数据资料(空间展布情况见图 5.3),并将这些钻孔的基本信息、地层信息和品位信息等进行了标准化处理,利用 ArcGIS 的 Geodatabase 进行存储和管理,为后面地层三维模型的构建提供了有效的数据支撑。图 5.4 显示了钻井数据中钻井基本信息表、钻井地层信息表、钻井品位信息表等的详细信息,并给出了这些数据表之间的关系。

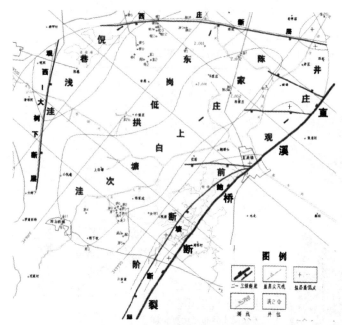

图 5.2　研究区域地质构造平面图

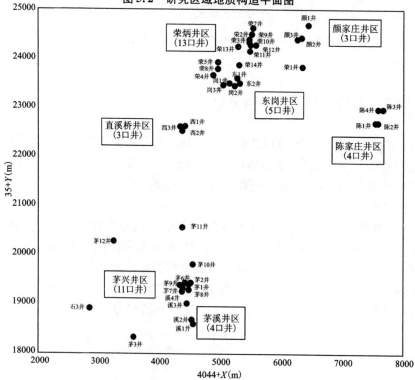

图 5.3　研究区域钻井空间展布图

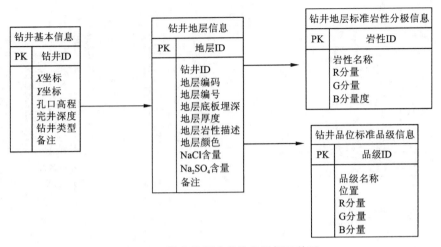

图5.4 钻井数据表的信息及相互关系

5.2.2 盐腔数据的探测与分析

盐腔是盐岩水溶法开采后形成的地下空间资源(一般位于地下 900~1000 m, 有的甚至是 2000 m 处),其体积较大,要对这种地下空间对象的体积和形状进行测量,常规的仪器不能满足要求。盐腔的测量工作一般是利用声纳探测技术(该技术可远距离、非接触地对目标进行量测)来完成的。声纳测腔的工作原理(图 5.5)为:沿采盐井筒将声纳探测井下仪器放下,井下仪器的声纳探头深入盐腔后,在预定的深度进行 360°水平旋转,同时按设定的角度间隔向腔体壁发射声脉冲,检测回波信号,信号经连接电缆传回地面中心处理机,经过对信号的解译得到某一深度上的腔体水平剖面图[图 5.6(a)];在盐腔内不断改变检测深度,则可获得腔体不同深度上的垂直剖面图[图 5.6(b)]。

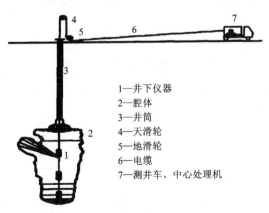

1—井下仪器
2—腔体
3—井筒
4—天滑轮
5—地滑轮
6—电缆
7—测井车、中心处理机

图5.5 声纳测腔原理图

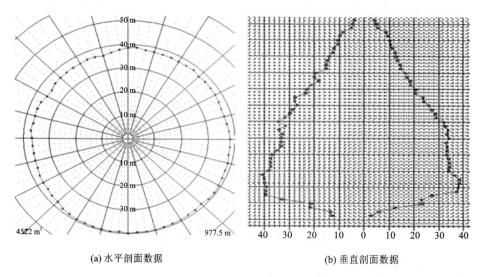

(a) 水平剖面数据   (b) 垂直剖面数据

图 5.6 声纳测腔数据

声纳测腔数据是进行盐腔三维模型构建的主要数据，也是了解盐腔内部几何形状的主要信息源。

5.2.3 力学特性试验数据分析

通过室内岩石力学实验，获取盐岩常规及蠕变力学参数，是研究盐岩强度特征和变形规律的重要手段。本节收集了与研究区域内盐岩试件的室内岩石力学实验（主要包括常规力学实验和蠕变实验）相关的力学特性数据。在此基础上，通过摩尔－库仑公式、回归分析等公式和方法求出了盐岩试件各个力学参数的具体值，详见表 5.1。

表 5.1 盐岩及夹层泥岩力学参数

地层	弹性模量（GPa）	泊松比	黏聚力（MPa）	摩擦角（°）	抗拉强度（MPa）
泥岩	10	0.27	1.0	35	1
盐岩	18	0.3	1.0	45	1
泥岩夹层	4	0.3	0.5	30	0.5

通过实验获取的盐岩力学参数，为后面研究层状盐岩中盐岩层及夹层的相互作用机理、建立反映层状盐岩体蠕变力学特性的本构模型（应力－应变关系方程）

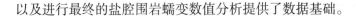

以及进行最终的盐腔围岩蠕变数值分析提供了数据基础。

5.3　基于统一数据模型的盐腔围岩蠕变数值分析计算模型的构建

要对盐腔三维空间蠕变特征进行数值模拟与分析，就必须建立盐腔围岩的数值分析计算模型。本节基于地下空间对象三维表达与分析计算统一数据模型，利用其拓扑空间和矢量空间的表达能力及胞腔复形链相关操作算子，实现了盐腔围岩蠕变数值分析计算模型的构建与三维表达。具体的实现思路是：首先利用提出的基于细分虚拟钻孔的地质三维模型构建方法，建立研究区域含盐地层的三维模型；然后利用声纳测腔数据，建立盐腔三维模型；接下来对地层三维模型和盐腔三维模型进行布尔差运算，得到盐腔围岩三维模型；最后对盐腔围岩三维模型进行带约束的网格离散，得到盐腔围岩体元模型，也就是基于统一数据模型表达的盐腔围岩蠕变数值分析计算模型。

5.3.1　基于细分虚拟钻孔的含盐地层三维模型的构建

含盐地层三维模型的构建是整个盐腔围岩蠕变数值分析计算模型构建的基础，也是最关键的一个环节。含盐地层三维模型质量的好坏，直接关系到数值分析计算模型的质量，也将对盐腔围岩蠕变特征数值模拟结果产生决定性的影响。

基于第 4 章描述的基于统一数据模型的细分光滑操作及其在地质三维建模中应用的可行性分析，本节提出了基于细分虚拟钻孔的含盐地层三维模型的构建方法。该构模方法的设计思路是：在对当前地质三维建模及光滑方法进行研究分析的基础上，提出了细分虚拟钻孔的概念及其实现原理；根据地层层序律，设计了基于语义描述的钻孔地层模型；利用自适应改进蝶形细分算法，给出了细分虚拟钻孔的生成方法，并将其引入到构模过程中；结合地质构造规律，实现了光滑地层三维模型的构建。利用该方法构建的含盐地层三维模型，不仅符合地统计学相关规律，还具有 C^1 几何连续性。

（1）地质三维建模及光滑方法概述

地质三维建模是将地表地形和地下地层、软弱夹层、断层、褶皱、侵入体及透镜体等地质面和地质体，在计算机环境下进行模拟、再现的过程[133]。由于获取的勘探数据不足，且比较零星和随机，导致生成的地质三维模型往往比较粗糙，存在大量的棱角，与实际现象不符，真实感不强，难以满足可视化和分析时的应用需要，所以模型的加密光滑是地质三维建模的重要工作之一。细分曲面造型技术是实现这一需求的可行手段。

许多学者开始尝试将细分曲面造型技术引入到地质三维建模领域。屈洪刚等分析了网格细分技术在地质三维建模中的应用需求,为保持地质体之间公共面数据的一致性,对"改进的蝶形细分方法"做了进一步改进,增加了对边界约束的处理,并探讨了利用网格细分技术生成多分辨模型的可行性[134]。陈云翔等基于格网法提出了蝶形细分自适应算法,并以原始网格顶点的法向量为约束条件,通过对初始三角形控制网格进行多阶曲线迭代插值的非静态细分,实现了三维地形的模拟[135]。

目前多细分曲面造型技术在地质三维建模领域的应用,多是对已建立的初始地质体模型进行网格细分处理,这样为保持各个地层之间公共面的数据一致性,就需要对已有的细分策略进行修改,势必会影响细分方法的收敛性和光滑性。为了解决该问题,本节提出了细分虚拟钻孔的构建技术。通过在地层三维建模的过程中,应用细分策略、构建细分虚拟钻孔的方式,即可实现对各个地层表面光滑的同时,保证地层模型间的拓扑一致性。

(2)细分虚拟钻孔的概念

定义 5.1 虚拟钻孔是指在建模区域内,在特定的位置构建的虚拟点位。根据位置的空间坐标建立虚拟点位的基本信息(X,Y 和孔口高程),并利用空间插值技术拟合出虚拟点位的地层参数,这样就在该点位处构建了一根具有工程地质钻孔基本信息和地层信息的由计算机虚拟出来的钻孔。

定义 5.2 细分虚拟钻孔是指在构建虚拟钻孔的过程中,利用改进的蝶形细分策略来拟合虚拟钻孔的基本信息和地层参数。

在建模过程中通过引入虚拟钻孔,可以使建立的模型精细化;模型构建完成后,通过在指定的位置构建虚拟钻孔,可以查看此处的地质构造,并与此处新打的真实钻孔参数做对比,进一步修正已有的地质三维模型。

(3)细分虚拟钻孔的实现原理

蝶形细分算法采用一分四的三角形网格分裂模式,在细分过程中只在三角形边上生成新的细分顶点。本节将由工程地质钻孔点构建的三角网为控制网格,如图 5.7(a)所示;顶点的价是指与该顶点通过公共边相连的顶点个数,用字母 k 表示;将价为 6 的内部顶点和价为 4 的边界顶点称为规则点,否则称为非规则点。利用该细分方法,在规则点处可以生成 C^1 连续的光滑曲面;而对于价为 3 和 7 的非规则点处,则只能达到 C^0 连续。为了提高蝶形细分算法的光滑效果,Zorin 等提出了一种对蝶形细分算法的改进策略,称为改进蝶形细分(modified butterfly subdivision,MBS)算法。由于 MBS 方法增加了对非规则点处的处理,故它可以使整个曲面达到 C^1 连续[136-137]。

细分虚拟钻孔的实现原理是利用插值型改进蝴蝶细分算法拟合钻孔点位信息

（即细分顶点）和地层参数的过程，如图 5.7 所示。

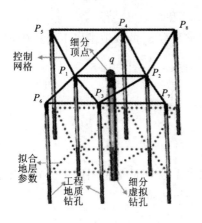

(a) 内部规则顶点

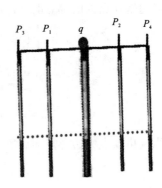

(b) 边界规则顶点

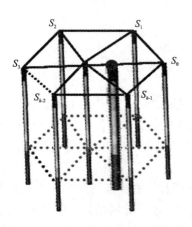

(c) 内部非规则顶点

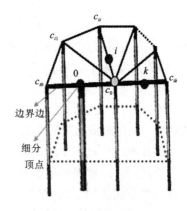

(d) 边界非规则顶点

图 5.7　细分虚拟钻孔实现原理图

①网格顶点为规则点时，如图 5.7(a) 和 5.7(b) 所示：

当 P_1P_2 边为内部边时，

$$q = \frac{1}{2}(P_1 + P_2) + 2w(P_3 + P_4) - w(P_5 + P_6 + P_7 + P_8) \tag{5.1}$$

当 P_1P_2 边为边界边时，

$$q = 9w(P_1 + P_2) - w(P_3 + P_4) \tag{5.2}$$

其中：q 表示细分顶点与细分虚拟钻孔相关联；P_1，P_2，P_3，P_4，P_5，P_6，P_7，P_8

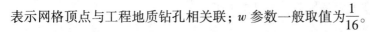

表示网格顶点与工程地质钻孔相关联；w 参数一般取值为 $\frac{1}{16}$。

②网格顶点为非规则点时，如图 5.7(c) 和 5.7(d) 所示：

当网格顶点为内部点时，各顶点的权重系数 S_i 的取值由以下公式确定：

$$S_i = \frac{1}{k}\left(\frac{1}{4} + \cos\frac{2i\pi}{k} + \frac{1}{2}\cos\frac{4i\pi}{k}\right), \quad k \geqslant 5 \tag{5.3}$$

$$S_0 = \frac{5}{12}, \quad S_{1,2} = -\frac{1}{12}, \quad k = 3 \tag{5.4}$$

$$S_0 = \frac{3}{8}, \quad S_2 = -\frac{1}{8}, \quad S_{1,3} = 0, \quad k = 4 \tag{5.5}$$

当网格顶点为边界点时，各顶点的权重系数 C_{ij} 的取值由以下公式确定：

$$C_0 = 1 - \left(\frac{1}{k-1}\right)\frac{\sin\theta_k\sin i\theta_k}{1 - \cos\theta_k} \tag{5.6}$$

$$C_{i0} = C_{ik} = \frac{1}{4}\cos i\theta_k - \frac{1}{4(k-1)}\frac{\sin2\theta_k\sin2i\theta_k}{\cos\theta_k - \cos2\theta_k} \tag{5.7}$$

$$C_{ij} = \frac{1}{k}\left(\sin i\theta_k\sin j\theta_k + \sin2i\theta_k\sin2j\theta_k\right) \tag{5.8}$$

其中：i, j 为网格顶点索引号；k 为顶点的价。

(4)算法实现过程描述

在给出了细分虚拟钻孔的定义及实现原理的基础上，对基于细分虚拟钻孔的地层三维建模过程进行描述，主要包括钻孔地层信息模型的设计、初始地表三角网的构建、细分虚拟钻孔的生成及多层 DEM 的缝合等步骤，详细过程描述如下。

①钻孔地层信息模型的设计

含盐地层三维建模的主要数据源是钻孔资料，主要包括：空间基本信息，即钻孔在三维空间的 (X, Y, Z) 坐标及完井深度；地层分层信息，即各岩层岩性描述、地层厚度、埋深等；品位信息，包括采样样品的名称、位置等信息，如图 5.8 所示。

这些原始数据的相互关联性差，且不规则。为了对钻孔和地层信息进行统一管理，实现地层的划分、排序和统一编号，本节根据"地层层序律"，建立了基于语义的工程钻孔地层信息模型，如图 5.9 所示。其中，钻孔类型有工程地质钻孔和细分虚拟钻孔两种，孔口坐标通过 (X, Y, H) 来表示，H 为钻孔点处的地面高程。该模型可以清晰地表达复杂多变的地层信息，将有不同地层层序的各个钻探点统一成相同的结构，解决了在地质三维模型中难以表达地层倒转、缺失信息的问题，为后续的钻孔信息处理带来了极大的方便。

为了方便后续的算法设计，在构建钻孔地层信息模型时，对于每个钻孔的地层描述信息，按照地层标准分级表进行补全，将相同的岩性并且垂直方向位置相

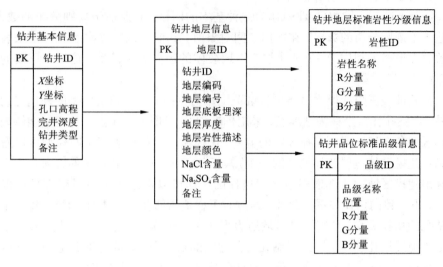

图 5.8　工程地质钻孔数据表结构

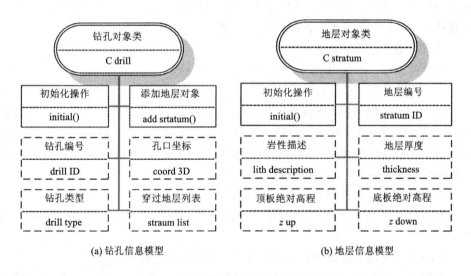

(a) 钻孔信息模型　　　　　　　　　　　　　(b) 地层信息模型

图 5.9　基于语义描述的钻孔地层模型

似的看作同一层；根据钻孔孔口高程和所穿过岩层的厚度，计算出该岩层的顶底板绝对高程；对于缺失的地层，则将其顶板值与底板值都设为上一层的底板，即为假想的零厚度地层；之后，再根据钻孔垂直方向上顶底板绝对高程的关系和地层层序律来确定地层的空间顺序，进而对地层进行排序。这样的设计和处理为下一步的构造推理和自动建模奠定了基础。

②初始地表三角网模型构建

Delaunay 三角网(D – TIN)作为一种基本的网格，它既适于规则分布的数据，也适于不规则分布的数据，在模拟空间对象时，它能够以同层次的分辨率来表达对象表面形态。利用 D – TIN 建立三维地质体的边界表示模型，是一个重要的研究方向[138 – 139]。

初始地表三角网模型是将项目区范围作为待构建三维地层模型的外边界约束条件，以钻孔孔口坐标为基准点，采用标准的 D – TIN 构建算法，建立的能够表达建模区域各个地层层面拓扑关系的 D – TIN 模型。初始地表三角网模型可以看作是确定建模区域地层拓扑关系的一个"模板"，它可以沿着钻孔延伸方向自上而下推延出建模区域的全部地层信息。这样的操作可以保证各个地层层面具有确定的、上下一致的拓扑关系。此外，通过对工程地质钻孔点构建 D – TIN，建立了各个钻孔的拓扑关联，使得建模区域地表形成了一个连续的整体。在此基础上，建立工程地质钻孔点与工程地质钻孔对象之间的映射表，为后面细分虚拟钻孔的生成作预处理，能够极大地降低后续算法的复杂度，增强其稳定性。

由于工程地质钻孔的稀疏性和地质体形态的复杂性，如果直接由该地表三角网来进行区域地质三维建模，构建的模型十分粗糙。因此，根据所述的细分虚拟钻孔技术，可对地质三维建模过程进行改进。

③细分虚拟钻孔的生成

各类曲面细分算法所产生的细分结果，其曲面的网格数都呈指数增长。因此，考虑根据建模区域地表形态特征，在较平坦区域进行较少细分，而在变化复杂区域进行多次细分，以此在保证光滑效果的前提下，减少最终细分结果的数据量，这即是自适应细分算法。自适应细分算法中的细分准则包括几何与非几何准则两类，其中以几何准则中的网格面间夹角度量或网格面法向间的夹角应用最广，该准则也被称为二面角准则。

本书采用二面角准则对改进蝶形细分算法进行了自适应改进。

自适应改进蝶形细分(adaptive modified subdivision，AMS)算法的实现步骤如下：

AMS 1 遍历初始控制网格，计算每个三角形面片的法向量；

AMS 2 对于每个三角形，计算与其相邻三角形之间的二面角，并将其中最大的作为该三角形的平坦度。

AMS 3 再次遍历三角网，将每个三角形的平坦度与给定的阈值比较，如果小于阈值，则将该三角形面片标记为"平坦"。

AMS 4 对于标记为平坦的三角形面片，根据改进蝶形细分策略，进行细分处理，求出细分顶点。

AMS 5 重新构建三角网，消除裂缝。算法结束。

为了建立区域光滑的地质三维模型,同时又减少模型数据量,对于生成的初始地表三角网模型,可利用自适应改进蝴蝶细分算法计算出细分点,再在细分点处构建细分处理虚拟钻孔。具体的实现步骤如下。

细分虚拟钻孔(subdivision virtual drill, SVD)的生成算法:

SVD 1　将初始地表三角网模型作为插值细分的初始控制网格,调用自适应改进蝶形细分算法,计算细分顶点。获取每个三角形上各个顶点对应的钻孔信息,并计算每两个相邻三角形对应的两组钻孔中各地层层面三角形间的二面角。

SVD 2　根据细分顶点的空间信息,创建细分虚拟钻孔点的基本信息(设置钻孔的 ID、几何信息),并初始化地层信息。

SVD 3　创建细分虚拟钻孔点与细分顶点的映射。

SVD 4　调用改进蝶形细分策略,补全钻孔的几何信息,修改钻孔的地层信息。根据控制网格点对应工程地质钻孔的地层信息,计算细分虚拟钻孔的地层顶板和底板标高。

SVD 5　对细分虚拟钻孔的后处理。主要是处理可能出现的拓扑错误。例如地层底板埋深值高于其顶板埋深值,则将其底板埋深值设为其顶板埋深值,将其视为零厚度地层。

在完成细分虚拟钻孔生成的同时,对初始地表三角网模型也同步进行了加密光滑处理,接下来的建模操作就是基于加密后的地表三角网模型进行的。

④多层 DEM 的缝合

经过以上操作,将钻孔(工程地质钻孔和细分虚拟钻孔)通过地表三角网模型进行了拓扑关联。将加密的地表三角网模型作为控制网格,获取网格点对应的钻孔,根据钻孔的地层分层信息,可以构建各个层面的三角网模型。

根据钻孔对应地层的岩性,采用多层 DEM 的思想,将同一个地层的上下两个地质界面的三角网缝合起来,就可以构建研究区域的地质三维模型。多层 DEM 的缝合过程,是以地层的上地层界面三角网的一个三角形为起点,循环处理各个地层 TIN 面上的所有三角形。

⑤构建的研究区域中含盐地层三维模型结果

采用本书所提出的建模方法,对选定的研究区域(该区域的建模范围为 3.6 km×2.9 km,建模区域内包含 26 根钻孔,钻探深度最深为 30.5 m),建立了该研究区域的三维地质体模型,如图 5.10 所示。由实际结果可以看出,由于细分虚拟钻孔的引入,所构建的含盐地层三维模型的光滑程度明显提高,且各个地层之间保持了良好的几何连续性和拓扑一致性。

由于该研究区域含盐地层非常平坦,利用细分虚拟钻孔方法构建的含盐地层三维模型十分平滑。图 5.10 是利用该算法对某火车站地下空间进行三维建模的效果。由此可以看出,该算法通过在建模的过程中引入细分虚拟钻孔,可以消除

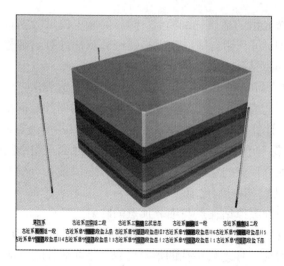

图 5.10   基于本书方法构建的含盐地层三维模型

传统做法的拓扑歧义等问题，进而可以使该方法构建的地质体表面模型在维持真实地理特征的基础上，具有更加光滑逼真的效果。

与传统地层三维模型的构建和光滑方法相比，该算法可以实现在建模的过程中对模型进行光滑处理，在消除了拓扑歧义的同时，使构建的模型具有 C^1 几何连续性，可以更好地满足三维可视化分析的应用需求。

5.3.2   基于声纳测腔数据的盐腔三维模型的构建

基于声纳测腔数据进行盐腔三维模型的构建，实际上就是对盐腔三维表面拓扑重建的过程。本节利用胞腔复形链代数拓扑结构，采用本书提出的统一数据模型来实现盐腔三维表面的重构。在这一过程中，利用 K 维胞腔组成的胞腔复形来构建盐腔三维表面拓扑结构网络，并利用矢量空间中的 $k-embedding$ 来描述各个空间单元的位置和形状等几何信息，通过 K 维胞腔复形链实现几何信息与拓扑单元的关联，进而可以将所有的空间单元构成一个完整的实体边界，实现盐腔三维模型的构建。

利用该统一数据模型进行盐腔三维表面拓扑重建的特点是：可以详细记录构成盐腔实体对象的所有拓扑元素的相互连接关系及几何信息，进而可以实现构成盐腔实体对象的拓扑单元与几何要素的统一表达，在三维重建的过程中可以充分利用胞腔复形链的相关操作算子来实现几何运算和拓扑操作，有利于保证构建模型的几何连续性和拓扑统一性。

基于胞腔复形链代数拓扑结构，利用本书提出的统一数据模型对声纳测腔数据进行盐腔三维表面拓扑重构的操作过程为：

（1）根据选定建模区域钻井井位信息，读取利用声纳探测技术获取的盐腔腔体水平剖面和垂直剖面数据，并对数据进行解译。

（2）按逆时针顺序将每个水平剖面上的采样点进行组织管理，分别构建一个 0 维的胞腔和 0 - embedding 来存储该采样点的拓扑信息和几何信息，并按顺序存储到水平剖面采样点链表—0 维胞腔复形链 0 - ccchain_h（实现几何信息与拓扑单元的关联）中。

（3）按照由上往下的顺序将每个垂直剖面上的采样点按照上述的方式进行组织管理，将相关数据存储到垂直剖面采样点链表—0 维胞腔复形链 0 - ccchain_v 中。

（4）循环遍历水平剖面采样点链表 0 - ccchain_h，选取拓扑相邻的两个 0 维胞腔（采样点的拓扑描述），分别标记为 cell0 和 cell1，并分别获取 cell0 和 cell1 两个拓扑点上的几何信息：埋深值记为 $z0$ 和 $z1$（由声纳测腔的原理可知，同一水平剖面上采样点的埋深相等，因此 $z0 = z1$，后续统一用 z 来标示），极坐标角度记为 $\alpha1$、$\alpha2$。

（5）遍历垂直剖面采样点链表 0 - ccchain_v，当遇到极坐标角度值为 $\alpha1$ 且埋深大于 z 的 0 维胞腔时，停止本次遍历，并记录该 0 维胞腔（标记为 cell2）；按照同样的方式找到另外一个 0 维胞腔（记录为 cell3）。

（6）构建一个胞腔复形 complex_cavern，并实例化一个 2 维胞腔，即 2 - cell，将 cell0、cell1、cell2、cell3 添加到该 2 维胞腔的孩子胞腔中。

（7）重复（4）～（6），直至完全遍历。

（8）整个基于统一数据模型的盐腔三维表面拓扑重构过程结束。

图 5.11 显示了应用上述算法的步骤所构建的某盐腔三维模型。

(a) 实体显示

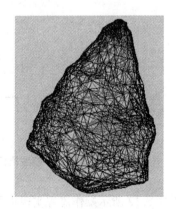
(b) 线框显示

图 5.11　某腔体的三维空间表面模型

利用上述操作步骤，可以构建有效的盐腔三维模型，为后续盐腔围岩体元模型的构建提供了数据基础。

5.3.3 盐腔围岩体元模型三维表达

本节通过对构建的研究区含盐地层三维模型和盐腔三维模型，执行了统一数据模型的布尔差运算操作，即将盐腔三维模型作为内部洞约束添加到含盐地层三维模型中，获得盐腔围岩三维模型。在完成了盐腔围岩三维模型构建的基础上，对该三维模型执行基于统一数据模型的四面体网格离散操作，在具体的离散过程中将盐腔三维模型作为内部洞约束来构建盐腔围岩体元模型，其操作流程如图5.12 所示。

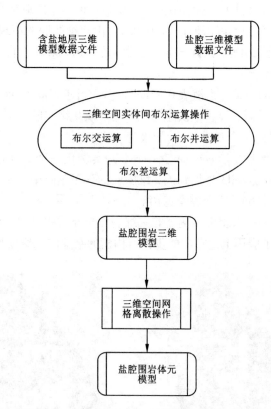

图 5.12　盐腔围岩三维模型执行统一数据模型网格离散操作的流程图

按照图5.12 所示操作流程实现步骤，便可获得盐腔围岩体元模型，即利用统一数据模型表达盐腔围岩蠕变数值分析计算网格，如图5.13 所示，其中图5.13(a) 为沿一个垂直截面剖开后的剖切视图，图5.13(b)为剖面图。

 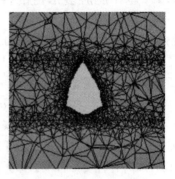

(a) 剖切视图　　　　　　　　　　　(b) 剖面网格(缩小视图)

图5.13　盐腔围岩四面体体元模型

　　利用网格前沿法对盐腔围岩三维模型进行网格离散操作，能够很好地适应内部边界，处理比较复杂的内部约束，且最终的网格质量较好。由于该方法能够在生成节点的同时生成单元，这样就可以在生成节点时对节点的位置加以控制，从而控制单元形状、尺寸以达到质量控制、局部加密及网格过渡的要求。因而利用该方法得到的盐腔围岩蠕变数值分析计算模型，具有很好的几何一致性和拓扑连续性。

5.4　基于统一数据模型的盐岩蠕变机理表达

　　盐岩蠕变机理模型是利用一些基本的力学材料元件，通过串并联关系形成的组合介质模型。在目前岩石力学蠕变研究中所采用的基本元件有三种，即弹性元件、黏性元件和塑性元件，它们分别代表虎克体、牛顿液体和圣维南体等理想介质的应力和应变的关系。

　　由第2章的描述可知，胞腔复形链是定义在胞腔复形 K 的 p 维胞腔集合和矢量空间 G 上系数集合累加求和的形式，$\sum_i g_i c_i^p$，而集合 G 中的元素代表空间对象拓扑单元的物理量(如应力、位移、速度等)，其类型可以是数值、向量、多项式等。因此可以利用统一数据模型中的胞腔复形链来重构这些基本元件，本书中将拓扑重构后的基本元件称为模型元件。通过胞腔复形链的相关操作算子，基于这些模型元件可以组合构建出不同的蠕变机理模型。

　　下面将利用胞腔复形链来实现对弹性元件、黏性元件和塑性元件等基本模型元件的重构与表达。

5.4.1 基于胞腔复形链的模型元件表达

（1）弹性元件。弹性元件用遵循虎克（Hook）定律的线性弹簧表示，代表力学模型为虎克体（用 H 表示），如图 5.14（a）所示。由弹性元件的定义可知，其应力－应变关系（本构关系）方程为：

$$\sigma_s = E\varepsilon_s \tag{5.9}$$

式中：σ_s 为正应力；E 为弹性模量；ε_s 为正应变。

由弹性元件的应力－应变关系可知，虎克体的特性为：

① 具有瞬时弹性变形性质，即无论荷载大小，只要应力不为零，就有相应的应变出现；当应力为零（卸载）时，应变也为零，说明没有弹性后效；

② 无应力松弛性质；

③ 无蠕变流动。

根据弹性元件的定义和应力－应变关系特性，基于胞腔复形链对弹性元件进行重构的过程为：

① 定义两个 0 维胞腔 cell0_u 和 cell0_d，组合成一个 1 维胞腔 cell1_hook 来表示该模型元件。

② 在 cell1_hook 之上，分别定义一个 0 维胞腔复形链 ccchain0_p 来存储 cell0_u 和 cell0_d 的位置信息，定义两个 1 维胞腔复形链 ccchain1_hf 和 ccchain1_e 来分别表示 cell1_hook 所受应力和弹性模量。

③ 利用 0 维胞腔复形链的协边界操作算子可以计算 cell1_hook 的相对位移量（用一个 1 维胞腔复形链来表示）ccchain1_x = cell1. hook. ccchain0_p. dim_inc(1)，用符号表示为 ccchain1_x = δ(ccchain0_p)。根据虎克定律，该模型元件的应力－应变关系可以描述为：ccchain1_hf = ccchain1_e * δ(ccchain0_p)。

④ 基于以上元素构建的弹性模型元件，如图 5.14（b）所示。

（2）黏性元件。黏性元件是用遵循牛顿（Newton）黏性定律的阻尼器表示的，其代表的力学模型为牛顿体（用 N 表示），如图 5.15（a）所示。由黏性元件的定义，可知牛顿体的应力－应变关系为：

$$\sigma_v = \eta\varepsilon_v, \left(\varepsilon_v = \frac{d\varepsilon}{dt}\right) \tag{5.10}$$

式中：σ_v 为正应力；η 为黏性系数；ε_v 为正应变速率。

由黏性元件的应力－应变关系可知，牛顿体的特性为：

① 应变与时间有关（即有蠕变现象），无瞬时变形；

② 无弹性后效，有永久变形；

③ 无应力松弛性质；

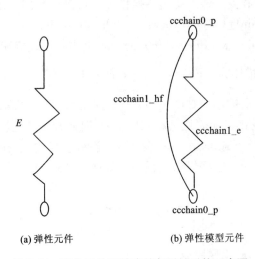

图 5.14　弹性元件及其胞腔复形链重构示意图

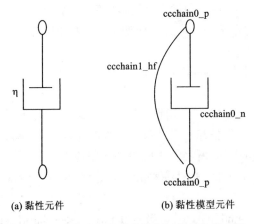

图 5.15　黏性元件及其胞腔复形链重构示意图

　　根据黏性元件的定义和其应力–应变关系，基于胞腔复形链对黏性元件进行重构的过程为：

　　① 定义两个 0 维胞腔 cell0_u 和 cell0_d，组合成一个 1 维胞腔 cell1_newton 来表示该模型元件。

　　② 在 cell1_newton 之上，分别定义一个 0 维胞腔复形链 ccchain0_p 来存储 cell0_u 和 cell0_d 的位置信息，定义两个 1 维胞腔复形链 ccchain1_nf 和 ccchain1_n 分别表示 cell1_newton 所受应力和黏性系数。

③ 利用 0 维胞腔复形链的协边界操作算子可以计算出 1 维胞腔 cell1_newton 的相对位移量 ccchain1_x = cell1. newton. ccchain0_p. dim_inc(1)，用协边界算子的符号改写为 ccchain1_x = δ(ccchain0_p)。根据牛顿黏性定律，该模型元件的应力–应变关系可以描述为：ccchain1_nf = ccchain1_n * $\frac{\mathrm{d}}{\mathrm{d}t}$δ(ccchain0_p)。

④ 基于以上元素构建的黏性模型元件，如图 5.15(b)所示。

(3)塑性元件物体受应力达到屈服极限 σ_s 时便开始产生塑性变形，即使应力不再增加，变形仍不断增长，其变形符合库仑摩擦定律，称其为库仑体(coulomb)，用 C 表示，是理想的塑性体，如图 5.16(a)所示。其应力–应变关系为：

$$\begin{cases} \varepsilon = 0, （当 \sigma < \sigma_s 时） \\ \varepsilon \to \infty, （当 \sigma \geqslant \sigma_s 时） \end{cases} \tag{5.11}$$

式中：σ 为正应力；σ_s 为屈服应力。

由塑性元件应力–应变关系可知，库仑体的性能为：

① 当 $\sigma < \sigma_s$ 时，$\varepsilon = 0$，即低应力时无变形；

② 当 $\sigma \geqslant \sigma_s$ 时，$\varepsilon \to \infty$，即达到塑性极限时有蠕变。

根据塑性元件的定义和其应力–应变关系，基于胞腔复形链对塑性元件进行重构的过程为：

① 定义两个 0 维胞腔 cell0_u 和 cell0_d，组合成一个 1 维胞腔 cell1_coulomb 来表示该模型元件；

② 在 cell1_coulomb 之上，分别定义一个 0 维胞腔复形链 ccchain0_p 来存储 cell0_u 和 cell0_d 的位置信息，定义两个 1 维胞腔复形链 ccchain1_cf 和 ccchain1_cfs 分别表示 cell1_coulomb 所受的正应力和屈服应力。

③ 基于上述拓扑要素，塑性模型元件[图 5.16(b)]的应力–应变关系可以描述为：

$$\begin{cases} \delta(ccchain0\_p) = 0, （当 ccchain1\_cf < ccchain1\_cfs 时） \\ \delta(ccchain0\_p) \to \infty, （当 ccchain1\_cf \geqslant ccchain1\_cfs 时） \end{cases} \tag{5.12}$$

以上只是对常用的一些力学元件，根据相应的力学定律，利用胞腔复形链进行了重构，得到了模型元件。在实际的地下空间工程应用中，用户可以根据不同的地学规律，丰富模型元件。接下来利用胞腔复形链的相关操作算子，基于这些模型元件可以组合构建出不同的蠕变机理模型。

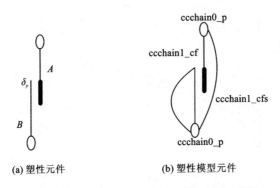

(a) 塑性元件　　　　　　　　　(b) 塑性模型元件

图 5.16　塑性元件及其胞腔复形链重构示意图

5.4.2　基于模型元件的蠕变机理模型构建

由于目前缺乏一种适合盐岩且能模拟其蠕变全过程的本构关系模型，故本节将对盐岩试件进行的蠕变试验获取的应力 – 应变曲线（图 5.17）与大量岩石力学机理蠕变模型的应力 – 应变曲线进行对比分析，且选用经典 Burger 蠕变本构方程来作为盐腔围岩蠕变数值计算模型。Burger 蠕变模型的应力 – 应变关系（图 5.18）大致分为两个阶段，即瞬时蠕变和稳态蠕变，这与盐岩试件的应力 – 应变关系曲线非常接近，因此用 Burger 蠕变模型能够较好地模拟盐腔围岩的蠕变过程。

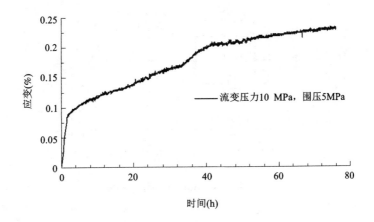

图 5.17　盐岩试件蠕变试验应力 – 应变曲线

Burgers（柏格斯）模型是 Kelvin（开尔文）模型和 Maxwell（麦克斯韦）模型的串

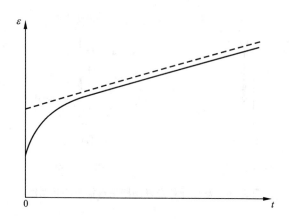

图 5.18 Burgers 模型蠕变曲线图

联体,如图 5.19 所示。其应力－应变关系方程为:

$$\varepsilon(t) = \frac{2\sigma_0}{9K} + \frac{\sigma_0}{3E_k}\left[1 - \exp\left(-\frac{E_k}{\eta_k}t\right)\right] + \frac{\sigma_0}{3E_M} + \frac{\sigma_0}{3\eta_M}t \qquad (5.13)$$

式中:ε 为轴向应变;t 为时间;K 为体积模量;σ_0 为恒定应力。

E_K,E_M,η_K 和 η_M 四个模型参数代表了 Kelvin 和 Maxwell 模型的弹性模量和黏滞系数,分别为控制延迟弹性的数量、弹性剪切模量、决定延迟弹性的速率和黏滞流动的速率。

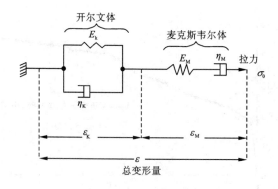

图 5.19 Burger 模型结构图

基于模型元件对 Burgers 模型进行胞腔复形链的重构(结果如图 5.20 所示)其过程可以描述为:

(1)Kelvin 体由弹性模型元件和黏性模型元件并联而成,可以表示为 1 维胞腔 cell1_kel = cell1_hook_k ‖ cell1_newton_k。根据模型元件并联过程中"应变相等，应力相加"的性质，则有 Kelvin 体应力 ccchain1_kel_f = cell1_hook_k. ccchain1_hf + cell1_newton_k. ccchain1_nf；根据弹性模型元件和黏性模型元件的应力 – 应变关系，Kelvin 体的应力 – 应变关系可以描述为：

$$\text{ccchain1\_kel\_f} =$$
$$\text{ccchain1\_ek} * \delta(\text{ccchain0\_p}) + \text{ccchain1\_nk} * \frac{d}{dt}\delta(\text{ccchain0\_p}) \quad (5.14)$$

（2）Maxwell 体由弹性模型元件和黏性模型元件串联而成，可以表示为 1 维胞腔 cell1_max = cell1_hook_m + cell1_newton_m 。根据模型元件串联过程中"应力相等，应变相加"的性质及黏性模型元件的阻尼效应，Maxwell 体的应力 – 应变关系为：

$$\text{ccchain1\_max\_f} =$$
$$\text{ccchain1\_nm} * \frac{d}{dt}\delta(\text{ccchain0\_p}) - \frac{\text{ccchain\_nm}}{\text{ccchain\_em}} * \frac{d}{dt}\text{ccchain\_max\_f} \quad (5.15)$$

（3）由柏格斯（Burgers）模型的结构图可知，该模型是由 Kelvin 体和 Maxwell 体串联组合而成。该模型可以表示为：cell1_hook_k ‖ cell1_newton_k + cell1_hook_m + cell1_newton_m；Burgers 模型的应力用 1 维胞腔复形链表示为 ccchain1_bur_f，则有 ccchain1_bur_f = ccchain1_kel_f = ccchain1_max_f，对该等式进行变换得出 Burgers 模型的应力 – 应变关系为：

$$\text{ccchain1\_ek} * \delta(\text{ccchain0\_p}) + \text{ccchain1\_nk} * \frac{d}{dt}\delta(\text{ccchain0\_p}) =$$
$$\text{ccchain1\_nm} * \frac{d}{dt}\delta(\text{ccchain0\_p}) - \frac{\text{ccchain\_nm}}{\text{ccchain\_em}} * \frac{d}{dt}\text{ccchain\_max\_f} \quad (5.16)$$

由于 ccchain1_bur_f = ccchain1_max_f，进一步变换为：

$$\frac{d}{dt}\text{ccchain\_bur\_f} = \frac{\text{ccchain1\_em}}{\text{ccchain1\_nm}}(\text{ccchain1\_nm} - \text{ccchain1\_nk}) *$$
$$\frac{d}{dt}\delta(\text{ccchain0\_p}) - \frac{\text{ccchain1\_em}}{\text{ccchain1\_nm}}\text{ccchain1\_ek} * \delta(\text{ccchain0\_p}) \quad (5.17)$$

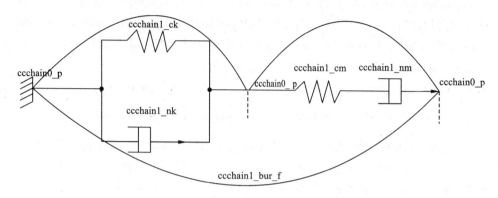

图 5.20　Burgers 模型胞腔复形链重构示意图

5.5　基于统一数据模型的盐腔围岩蠕变模拟与分析

　　基于统一数据模型在实现盐腔围岩蠕变数值分析计算模型的建立和 Burgers 模型的重构后，还构建了盐腔围岩蠕变数值分析统一数据模型。基于该统一数据模型，便可以对盐腔围岩蠕变特征进行数值模拟与分析。

5.5.1　基于统一数据模型的盐腔围岩蠕变数值分析原理

　　基于统一数据模型进行盐腔围岩蠕变数值分析的具体原理及实现过程为：用 0 维胞腔复形链 ccchain0_oif 表达内外应力，并使其集中作用到网格单元节点 0 - cell 上；用 0 维胞腔复形链 ccchain0_me 表示运动方程，从而把 ccchain0_me 转化为每个 0 - cell 上的离散形式的牛顿第二定律，将静力问题当作动力问题来求解，并将 ccchain0_me 中的惯性项作为达到所求静力平衡的手段，进而可以计算出每个 0 - cell 的速度（ccchain0_v）；调用 ccchain0_v 的协边界算子（高斯定理的实现函数），计算得到每个网格单元（3 - cell）的应变率 ccchain3_de，并将其作用到 3 - cell 上，利用 Burgers 模型（ccchain3_bs）计算出每个 3 - cell 的新应力（ccchain3_nef），调用 ccchain3_nef 的边界算子（单元积分的实现函数）计算出每个 0 - cell 的新应力（ccchain0_nf），并对相应的 0 - cell 的几何信息进行更新，依次循环遍历整个网格单元，完成数值分析的整个过程。图 5 - 21 显示了基于盐腔围岩统一数据模型的蠕变数值分析的原理及实现过程。

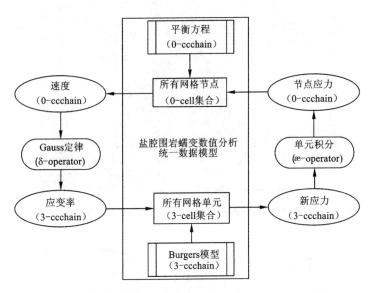

图 5.21　基于统一数据模型的盐腔围岩蠕变数值分析原理图

5.5.2　盐腔围岩蠕变模拟结果与分析

利用上述数值分析原理及实现流程，对盐腔围岩在不同的内压（分别为 6 MPa，8 MPa，10 MPa 和 15 MPa）作用下，经过十个流年后的蠕变特征进行了数值模拟，结果如图 5.22～图 5.25 所示。

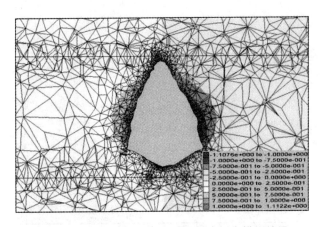

图 5.22　内压为 6 MPa 时盐腔围岩蠕变模拟结果

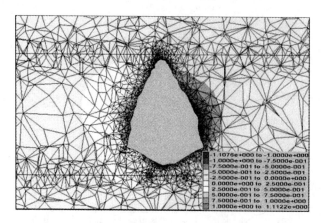

图 5.23　内压为 8 MPa 时盐腔围岩蠕变模拟结果

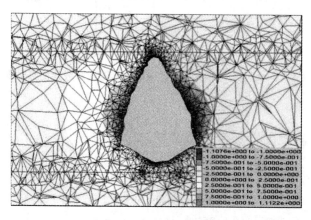

图 5.24　内压为 10 MPa 时盐腔围岩蠕变模拟结果

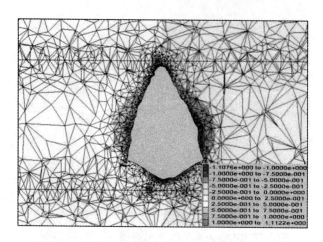

图 5.25　内压为 15 MPa 时盐腔围岩蠕变模拟结果

从蠕变数值模拟的结果可以看出，盐腔围岩两侧的变形量最大，越向两端其蠕变越不明显。此外，通过对比不同内压作用下盐腔围岩蠕变数值模拟的结果，可以看出随着盐腔内压的增大，腔体的变形强度降低，因此增大盐腔内压可以有效抑制盐腔的收缩。

5.6　本章小结

　　基于统一数据模型及相关空间操作算法，以盐腔围岩蠕变数值模拟与分析为例，对模型层次结构的合理性及其相关空间操作算法的可靠性进行了实例验证。

　　(1)通过对研究区基础空间数据、声纳测腔数据等数据资料的分析，构建了基于统一数据模型的盐腔围岩数值分析计算模型，实现了盐岩围岩空间对象几何、拓扑、属性信息的统一表达。

　　(2)基于胞腔复形链对常用的力学元件进行了表达，构建了基本模型元件，通过这些模型元件，可以组合构成各个不同的机理模型。

　　(3)通过对盐岩蠕变特性试验数据的对比分析，获取合适的盐腔围岩蠕变的机理模型，并结合真实观测数据进行模型参数识别，并利用模型元件对选定的机理模型进行重构。

　　(4)进行了基于统一数据模型的盐腔围岩蠕变数值模拟，并对模拟结果进行分析。

第6章 结论与展望

6.1 研究成果

地下空间对象的三维表达与分析计算技术可以更加便捷、精细地描述地下空间对象的构造，利用数值分析软件可以对地下空间现象（如工程地质体的安全稳定性）进行分析和评估，从而可以使得工程师们做出更加准确的决策。因此，该技术已经成为三维地理信息系统、三维地学模拟系统和岩石力学数值模拟等学科领域的研究热点。

由于没有统一的数据结构，用于地下空间对象三维表达的模型与用于数值计算的模型之间存在本质的差异。因此，目前地下空间对象的三维表达与分析计算多被分为两个独立的过程，三维空间数据模型主要描述地下空间对象的几何拓扑信息，没有把与分析计算相关的物理属性信息，如力、位移、能量等的分布情况描述在模型上；这使得分析计算模型必须在三维空间数据模型的基础上，再建立一种反映分析计算属性的计算机表示方法来统一地下空间对象的几何信息、拓扑信息以及分析计算所需要的信息。这样在进行地理现象模拟与分析的过程中既不利于地下空间对象几何拓扑信息的维护，又容易产生数据冲突，也降低了分析计算的效率。本书以代数拓扑为理论依据，基于胞腔复形链实现复杂地下空间对象几何、拓扑和属性信息的统一表达和形式化定义，在此基础上，实现地下空间对象三维表达与分析计算统一数据模型的构建。通过本书的研究，将从理论上推进地下空间对象三维表示和分析计算技术的研究，主要的研究工作和成果包括：

（1）将地下空间对象代数拓扑描述方法从单纯同理理论扩展到胞腔同调理论，详细阐述了胞腔复形链的基本概念和相关操作算子。在此基础上，给出了基于胞腔复形链的地下空间对象形式化定义，对其动态行为过程相关物理量的变化特征进行了描述与表达，为地下空间对象三维表达与分析计算统一数据模型的构建奠定了理论基础。

（2）在完成了基于胞腔复形链的地下空间对象形式化定义的基础上，从地下空间对象的抽象过程入手，结合代数拓扑学的相关理论，给出了基于胞腔复形链的地下空间对象三维表达与分析计算统一数据模型的层次结构及其实现方法。最后，还将基于该统一数据模型的复杂对象三维表达、地下空间对象属性信息空间分布特征表达及动态行为过程表达应用于具体实例中。

（3）为了扩展本书提出的统一数据模型空间操作功能及增强其实用性，基于统一数据模型，实现了一系列地下空间对象三维空间分析与计算过程中的空间操作算法。基于胞腔复形链对欧拉 – 庞加莱公式进行了扩展，并借助于其 6 个拓扑不变量设计了 10 对欧拉算子；在此基础上，实现了基于统一数据模型的三维点集区域查询算法、三维空间相交检测算法、三维空间实体间布尔运算、三维空间网格离散及地下空间对象模型细分光滑操作等空间操作算法。

（4）采用本书构建的基于胞腔复形链的三维表达与分析计算统一数据模型及其相关空间操作，以盐腔围岩蠕变数值模拟与分析为例，对统一数据模型层次结构的合理性及其相关空间操作的可靠性进行了实例验证。通过对研究区基础空间数据、声纳测腔数据等数据资料的分析，构建基于统一数据模型的盐腔围岩数值分析计算模型，实现盐岩围岩空间对象几何、拓扑、属性信息的统一表达；基于胞腔复形链对常用力学元件进行表达，通过对胞腔复形链的操作运算，实现不同蠕变机理模型的重构；在此基础上，进行基于统一数据模型的盐腔围岩蠕变数值模拟与分析。

6.2　创新点

本书的创新之处主要有：

（1）基于胞腔复形链的地下空间对象的形式化定义

利用代数拓扑学中胞腔同调理论，实现了基于胞腔复形链的地下空间对象拓扑几何要素及属性信息的形式化定义，为地下空间对象几何、拓扑、属性信息的统一描述与表达提供了理论基础。通过将胞腔复形链引入到地下空间对象属性信息分布特征的表达与模拟过程中，以相关地学规律作为胞腔复形链的约束，给出了基于胞腔复形链的地下空间对象行为过程的形式化定义。

（2）基于胞腔复形链的三维表达与分析计算统一数据模型的构建

将代数拓扑学中胞腔同调的相关理论引入到地下空间对象三维建模与模拟分析中，构建了基于胞腔复形链的地下空间对象三维表达与分析计算统一数据模型。利用胞腔复形链的空间映射和相关操作算子，基于该统一数据模型可以实现对地下空间中存在的断层、褶皱、倒转等复杂地质现象及地下空间对象行为过程的统一表达与模拟分析，降低了数据结构、几何拓扑关系描述及相应算法的复杂程度,为复杂地下空间对象的三维表达与分析计算提供了一种新的思路。

(3)基于统一数据模型的三维空间分析与计算方法

借助于基于胞腔复形链扩展的欧拉 – 庞加莱公式中 6 个拓扑不变量,构建了 10 对欧拉算子,结合统一数据模型层次结构及实现方法,实现了基于统一数据模型的三维点集区域查询算法、三维空间相交检测算法、三维空间实体间布尔运算操作、三维空间网格离散操作、地下空间对象模型细分光滑操作等相关分析计算方法。利用统一数据模型及其相关分析计算方法,实现了地下空间对象三维表达与分析计算的统一,这将有助于构建 3D GIS 与数值模拟之间的桥梁,进而增强数值模拟软件的三维建模功能,为其提供准确有效的计算模型,提高数值模拟与分析的准确性和可信度。

6.3　研究展望

由于地下空间环境的复杂性和地下工程项目的特殊性,利用该统一数据模型进行地下空间对象三维建模与模拟分析时仍然有许多问题有待进一步研究与解决。三维地理信息系统的理论知识和技术方法仍在不断的发展和创新,掌握这些理论与技术并融合到地下空间三维建模与模拟分析中是一个不断积累的过程。因此,本书提出的统一数据模型及其相关操作算法仍需要进一步的研究、探索与完善,在今后的研究工作中将重点解决以下几个方面的问题:

(1)地质空间与地理空间对象的统一描述

本书基于胞腔复形链构建了地下空间对象三维表达与分析计算的统一数据模型,主要是关注了地质空间对象的描述、表达与分析。而地下空间对象的动态行为过程往往与地理空间(地表及地表以上的空间)对象息息相关,如地表构筑物引起的局部地区地面沉降现象。因此,实现地质空间和地理空间对象的统一描述与表达是十分必要的。在今后的研究工作中,将尝试将本书构建的统一数据模型从地质空间扩展到地理空间,从而实现整个地球系统的三维表达与分析计算统一数据模型的构建。

(2)基于统一数据模型的拓扑最小集的求解

基于胞腔复形链的统一数据模型及其相关操作算法,在地下空间对象三维表达与分析计算过程中,一个很重要的工作是确定各个拓扑单元之间的关联关系。为了节省拓扑关系存储的时间和空间,快速实现地下空间对象的三维表达与分析计算,在统一数据模型的数据结构设计时,需要考虑空间单元间的快速拓扑访问的实现问题,因此需要对模型的拓扑最小集合进行求解。在今后的研究工作中,将考虑该模型拓扑最小集求解相关算法的设计与实现。

参考文献

[1] Zhang Z, Hou E, Zhao Z, et al. An Improved Symmetrical Modeling Method on 3D Tunnel Modeling[C]. Proceeding ICCMS 09, Washington, DC, USA: IEEE Computer Society, 2009: 251 – 256.

[2] 夏艳华. 面向实时可视化与数值模拟3D SIS数据模型研究[D]. 武汉: 中国科学院武汉岩土力学研究所, 2006.

[3] Jones R R, Mccaffrey K J, Clegg P, et al. Integration of regional to outcrop digital data: 3D visualisation of multi – scale geological models[J]. Computers & Geosciences, 2009, 35(1): 4 – 18.

[4] Tacher L, Pomian – srzednicki I, Parriaux A. Geological uncertainties associated with 3-D subsurface models[J]. Computers & Geosciences, 2006, 32(2): 212 – 221.

[5] Ron L. The application of geography markup language (GML) to the geological sciences[J]. Computers & Geosciences, 2005, 31(9): 1081 – 1094.

[6] 刘刚, 吴冲龙, 何珍文, 等. 地上下一体化的三维空间数据库模型设计与应用[J]. 地球科学(中国地质大学学报), 2011, 36(02): 367 – 374.

[7] 朱庆, 李晓明, 张叶廷, 等. 一种高效的三维GIS数据库引擎设计与实现[J]. 武汉大学学报(信息科学版), 2011, 36(02): 127 – 132, 139.

[8] 吴立新, 陈学习, 车德福, 等. 一种基于GTP的地下真3D集成表达的实体模型[J]. 武汉大学学报(信息科学版), 2007, 32(04): 331 – 335.

[9] 朱良峰, 庄智一. 城市地下空间信息三维数据模型研究[J]. 华东师范大学学报(自然科学版), 2009(02): 29 – 40.

[10] 韩李涛. 地下空间三维数据模型分析与设计[J]. 计算机工程与应用. 2005(32): 1 – 3.

[11] 韩李涛, 朱庆. 一种面向对象的三维地下空间矢量数据模型[J]. 吉林大学学报(地球科学版), 2006, 36(04): 636 – 641.

[12] 郑坤, 刘修国, 吴信才, 等. 顾及拓扑面向实体的三维矢量数据模型[J]. 吉林大学学报(地球科学版), 2006, 36(03): 474 – 479.

[13] 郑坤, 贠新莉, 刘修国, 等. 基于规则库的三维空间数据模型[J]. 地球科学(中国地质大学学报), 2010, 35(03): 369 – 374.

［14］张芳. 场框架下的城市地下空间三维数据模型及相关算法研究［D］. 上海：同济大学，2006.

［15］王润怀. 矿山地质对象三维数据模型研究［D］. 成都：西南交通大学，2007.

［16］李清泉，李德仁. 三维空间数据模型集成的概念框架研究［J］. 测绘学报，1998，27（04）：325 – 330.

［17］边馥苓，傅仲良，胡自锋. 面向目标的栅格矢量一体化三维数据模型［J］. 武汉测绘科技大学学报，2000，25（04）：294 – 298.

［18］李建华，边馥苓. 工程地质三维空间建模技术及其应用研究［J］. 武汉大学学报（信息科学版），2003，28（01）：25 – 30.

［19］赵永军，李汉林，王海起. GIS 三维空间数据模型的发展与集成［J］. 石油大学学报（自然科学版），2001，25（05）：24 – 28.

［20］龚健雅，夏宗国. 矢量与栅格集成的三维数据模型［J］. 武汉测绘科技大学学报，1997，22（01）：7 – 15.

［21］程朋根，龚健雅. 地勘工程3维空间数据模型及其数据结构设计［J］. 测绘学报，2001，30（01）：74 – 81.

［22］程朋根，王承瑞，甘卫军，等. 基于多层 DEM 与 QTPV 的混合数据模型及其在地质建模中的应用［J］. 吉林大学学报（地球科学版），2005，35（06）：806 – 811.

［23］杨林，盛业华，闾国年，等. 田野考古 GIS 数据模型研究［J］. 中国矿业大学学报，2007，36（03）：408 – 414.

［24］张俊安，杨钦，李吉刚. 三维构造矢量模型的栅格表示方法及应用［J］. 工程图学学报，2008（05）：62 – 66.

［25］Rockwood A，Chambers P. Interactive Curves and Surfaces：A Multimedia Tutorial on CAGD，with Disks，1sted［M］. San Francisco，CA，USA：Morgan Kaufmann Publishers Inc.，1996.

［26］Caumon G，Sword J C，Mallet J L. Constrained modifications of non – manifold B – reps［C］. New York，USA：ACM，2003.

［27］Apel M. From 3d geomodelling systems towards 3d geoscience information systems：Data model，query functionality，and data management［J］. Computers & Geosciences，2006，32（2）：222 – 229.

［28］Marschallinger R. A program for creating CAD – based solid models from triangulated surfaces［J］. Computers & Geosciences，2007，33（4）：586 – 588.

［29］Pallozzi L L，Dirk E H. Tensor 3D：A computer graphics program to simulate 3D real – time deformation and visualization of geometric bodies［J］. Computers & Geosciences，2008，34（7）：738 – 753.

［30］Zanchi A，Francesca S，Stefano Z，et al. 3D reconstruction of complex geological bodies：Examples from the Alps［J］. Computers & Geosciences，2009，35（1）：49 – 69.

［31］Breuning M. An approach to the integration of spatial data and systems for a 3D geo – information system［J］. Computers & Geosciences，1999，25（01）：39 – 48.

［32］易善桢. 基于单纯形的 3D – GIS 数据模型及其初步设计［J］. 测绘通报，1999（11）：

10 – 13.

[33] 陈军, 郭薇. 基于剖分的三维拓扑 ER 模型研究[J]. 测绘学报, 1998, 27(04): 308 – 317.

[34] 郭薇. 顾及空间剖分的三维拓扑空间数据模型[D]. 武汉: 武汉测绘科技大学, 1998.

[35] 张骏, 秦小麟, 包磊. 一种支持空间拓扑分析的 3 维数据模型[J]. 中国图像图形学报, 2006, 11(07): 990 – 997.

[36] 张骏. 三维空间拓扑分析关键技术研究[D]. 南京: 南京航空航天大学, 2008.

[37] 袁林旺, 俞肇元, 罗文, 等. 基于共形几何代数的 GIS 三维空间数据模型[J]. 中国科学: 地球科学, 2010, 40(12): 1740 – 1751.

[38] Linwang Yuan, Zhaoyuan Yu, Shaofen Chen E A. CAUSTA: Clifford Algebra – based Unified Spatio – Temporal Analysis[J]. Transaction in GIS, 2010, 14(s1): 59 – 83.

[39] 周良辰. 基于胞腔复形的三维空间数据模型及分析方法研究[D]. 南京: 南京师范大学, 2009.

[40] 刘振平. 工程地质三维建模与计算的可视化方法研究[D]. 武汉: 中国科学院武汉岩土力学研究所, 2010.

[41] Xavier E. Simulation of geological domains using the plurigaussian model: New developments and computer programs[J]. Computers & Geosciences, 2007, 33(9): 1189 – 1201.

[42] Feltrin L, Mclellan J G, Oliver N H. Modelling the giant, Zn – Pb – Ag Century deposit, Queensland, Australia[J]. Computers & Geosciences, 2009, 35(1): 108 – 133.

[43] 孙立双. 矿体三维建模及储量计算关键问题研究[D]. 沈阳: 东北大学, 2008.

[44] 张世明, 万海艳, 戴涛, 等. 复杂油藏三维地质模型的建立方法[J]. 油气地质与采收率, 2005, 12(01): 9 – 11.

[45] 于金彪, 杨耀忠, 戴涛等. 油藏地质建模与数值模拟一体化应用技术[J]. 油气地质与采收率, 2009, 16(05): 72 – 75.

[46] 李攀. 三维地质建模及其在天然气水合物储量评价中的应用[D]. 吉林: 吉林大学, 2009.

[47] 刘少华, 肖克炎, 王新海. 地质三维属性建模及其可视化[J]. 地质通报, 2010, 29(10): 1554 – 1557.

[48] 吕鹏. 基于立方体预测模型的隐伏矿体三维预测和系统开发[D]. 北京: 中国地质大学(北京), 2007.

[49] Hussein M. Finite element mesh for complex flow simulation[J]. Finite Elements in Analysis and Design. 2011, 47(4): 434 – 442.

[50] 徐帮树. 滑坡预测的水文—力学耦合模型研究[D]. 上海: 华东师范大学, 2006.

[51] 钟登华, 李明超, 刘杰. 水利水电工程地质三维统一建模方法研究[J]. 中国科学 E 辑: 技术科学, 2007, 37(3): 455 – 466.

[52] 钟登华, 王忠耀, 李明超, 等. 复杂地下洞室群工程地质三维建模与动态仿真分析[J]. 计算机辅助设计与图形学报, 2007, 27(11): 1436 – 1441.

[53] 高正夏, 赵海滨. 岩体软弱夹层渗透变形试验及三维有限元数值模拟[J]. 水文地质工程地质, 2008, (01): 64 – 66, 79.

[54] 张渭军. 孔隙水文地质层三维建模与可视化研究[J]. 金属矿山, 2010(08): 128 – 131.

[55] 陈锁忠，黄家柱，张金善. 基于 GIS 的孔隙水文地质层三维空间离散方法[J]. 水科学进展，2004，15(5)：634 – 639.

[56] 陈锁忠，徐网谷，张磊. 基于 GIS 的地下水流数值模拟参数自动提取[J]. 水利学报，2005，36(11)：1314 – 1319.

[57] 陈锁忠，闾国年，朱莹，等. 基于 GIS 的地下水流有限差数值模拟参数自动提取研究[J]. 地球信息科学，2006，8(2)：77 – 83.

[58] 唐卫，陈锁忠，朱莹，等. GIS 与地下水数值模型集成中面向对象法的应用[J]. 地球信息科学，2006，8(2)：71 – 76.

[59] Chen C，Pei S，Jiao J. Land subsidence caused by groundwater exploitation in Suzhou City，China[Z]. Springer Berlin / Heidelberg，2003：11，275 – 287.

[60] 方建勤，彭振斌，颜荣贵. 构造应力型开采地表沉陷规律及其工程处理方法[J]. 中南大学学报(自然科学版)，2004，35(3)：506 – 510.

[61] Li W X，Liu L，Dai L F. Fuzzy probability measures（FPM）based non – symmetric membership function：Engineering examples of ground subsidence due to underground mining [J]. Eng. Appl. Artif. Intell. 2010，23：420 – 431.

[62] Ambro Toma T G. Prediction of subsidence due to underground mining by artificial neural networks[J]. Computers & Geosciences. 2003，29(5)：627 – 637.

[63] Kumarci Kaveh，Ziaie Arash K A. Land subsidence modeling due to ground water drainage using "WTAQ" software [C]. Stevens Point，Wisconsin，USA：World Scientific and Engineering Academy and Society（WSEAS），2008.

[64] 魏加华，崔亚莉，邵景力，等. 济宁市地下水与地面沉降三维有限元模拟[J]. 长春科技大学学报，2000，30(04)：376 – 380.

[65] 贾瑞生. 矿山开采沉陷三维建模与可视化方法研究[D]. 青岛：山东科技大学，2010.

[66] 于保华，朱卫兵，许家林. 深部开采地表沉陷特征的数值模拟[J]. 采矿与安全工程学报，2007，24(04)：422 – 426.

[67] 李红霞，赵新华，迟海燕，等. 基于改进 BP 神经网络模型的地面沉降预测及分析[J]. 天津大学学报，2009，42(01)：60 – 64.

[68] 于广明，张春会，潘永站，等. 采水地面沉降时空预测模型研究[J]. 岩土力学，2006，27(05)：759 – 762.

[69] 于芳，赵维炳，李荣强. 软土地基沉降蠕变 – 固结有限元分析及应用[J]. 河海大学学报(自然科学版)，2006，34(02)：180 – 184.

[70] 侯卫生，吴信才，刘修国. 基于 GIS 的城市地面沉降信息管理与预测系统研究[J]. 岩土力学，2008，29(06)：1685 – 1690.

[71] 陈沙，岳中琦，谭国焕. 基于真实细观结构的岩土工程材料三维数值分析方法[J]. 岩石力学与工程学报，2006，25(10)：1951 – 1959.

[72] 靳晓光，李晓红，刘新荣，等. 某含软弱夹层顺层岸坡应力位移特征数值模拟[J]. 重庆大学学报(自然科学版)，2004，27(09)：129 – 132，136.

[73] 孙红月，尚岳全，张春生. 大型地下洞室围岩稳定性数值模拟分析[J]. 浙江大学学报(工

学版)，2004，38(01)：70－73，85.

[74] 邱骋，谢谟文，江崎哲郎，等. 基于三维力学模型的大范围自然边坡稳定性概率评价方法 [J]. 岩石力学与工程学报，2008，27(11)：2281－2287.

[75] 纪佑军，刘建军，程林松. 考虑流－固耦合的隧道开挖数值模拟[J]. 岩土力学，2011，32 (04)：1229－1233.

[76] 侯恩科，吴立新，李建民，等. 三维地学模拟与数值模拟的耦合方法研究[J]. 煤炭学报，2002，27(04)：388－392.

[77] 王明华，白云. 层状岩体三维可视化构模与数值模拟的集成研究[J]. 岩土力学，2005，26 (07)：1123－1126.

[78] 李新星，朱合华，蔡永昌，等. 基于三维地质模型的岩土工程有限元自动建模方法[J]. 岩土工程学报，2008，30(06)：855－862.

[79] Palmer R S, Shapiro V. Chain models of physical behavior for engineering analysis and design [J]. Research in Engineering Design, 1994, 5(3): 161－184.

[80] S P R. Chain models and finite element analysis: An executable formulation of plane stress[J]. Computer Aided Geometric Design, 1995, 12(7): 733－770.

[81] Egli R, Stewart N F. A framework for system specification using chains on cell complexes [J]. Computer－Aided Design, 2000, 32(7): 447－459.

[82] Egli R, Stewart N F. Chain models in computer simulation[J]. Mathematics and Computers in Simulation, 2004, 66(6): 449－468.

[83] Egli Richard, Stewart N F. Particle－based fluid flow visualization on meshes schemata [J]. Environment and Planning B: Planning and Design, 2002, 29(5): 779－788.

[84] Djado Khalid, Egli Richard. Particle－based fluid flow visualization on meshes[C]. Proceeding AFRIGRAPH 09, New York, NY, USA: ACM, 2009.

[85] Dicarlo A, Milicchio F, Paoluzzi A, et al. Chain－Based Representations for Solid and Physical Modeling [J]. IEEE Transactions on Automation Science and Engineering, 2008, 6(3): 454－467.

[86] Dicarlo A, Milicchio F, Paoluzzi A, et al. Discrete physics using metrized chains[C]. New York, USA: ACM, 2009.

[87] Cardoze David E, Miller Gary L P T. Representing Topological Structures Using Cell－Chains [C]. 2006.

[88] Leila De Floriani, Paola Magillo, Enrico Puppo. Multiresolution Representation of Shapes Based on Cell Complexes [J]. Lecture Notes in Computer Science, 1999, 1568: 3－18.

[89] 魏洪钦. 基于胞腔复形的非流形几何造型平台的研究与开发[D]. 西安：西安交通大学，2001.

[90] 吕瑞云. 基于胞腔复形的非流形拓扑数据结构的数据存储与转换机制的研究[D]. 西安：西安交通大学，2002.

[91] 袁正刚. 工程CAD中拓扑建模与工程对象几何模型的研究[D]. 北京：中国科学院计算技术研究所，2000.

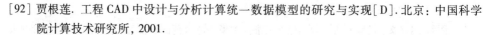
[92] 贾根莲. 工程 CAD 中设计与分析计算统一数据模型的研究与实现[D]. 北京：中国科学院计算技术研究所, 2001.

[93] 张金亭. 基于时态胞腔复形的时空一体化对象建模[D]. 武汉：武汉大学, 2001.

[94] 史文中, 吴立新, 李清泉, 等. 三维空间信息系统模型与算法[M]. 北京：电子工业出版社, 2007.

[95] 周培德. 判定点集是否在多边形内部的算法[J]. 计算机研究与发展, 1997. 34(9).

[96] O'Rourke, Joseph. Computational Geometery in C, 2nd edition [M]. Cambridge, England：Cambridge University Press, 1998.

[97] Eyal Flato, Dan Halperin, Iddo Hanniel, et al. The design and implementation of panar maps in CGAL [J]. Lecture Notes in Computer Science, 1999, 1668：154 – 168.

[98] Kalay Y E. Determining the spatial containment of a point in general polyhedra [J]. Computer Graphics and Image Processing, 1982, 19(4)：303 – 334.

[99] William P H, Dean L T. A theorem to determine the spatial containment of a point in a planar polyhedron [J]. Computer Vision, Graphics, and Image Processing, 1989, 45(1)：106 – 116.

[100] Feito F R, Torres J C. Inclusion test for general polyhedra [J]. Computers & Graphics, 1997, 21(1)：23 – 30.

[101] Luque R G, Comba J L, Freitas C M. Broad – phase collision detection using semi – adjusting BSP – trees [C]. Proceedings of the 2005 symposium on Interactive 3D graphics and games. New York, NY, USA：ACM. 2005：179 – 186

[102] Möller T. A fast triangle to triangle intersection test [J]. Journal of Graphics Tools, 1997, 2(2)：25 – 30.

[103] HELD M. ERIT：a collection of efficient and reliable intersection tests [J]. Journal of Graphics Tools, 1997, 2(4)：25 – 44.

[104] TROPP O, TAL A, SHIMSHONI I. A fast triangle to triangle intersection test for collision detection [J]. Computer Animation and Virtual Worlds, 2006, 17(5)：527 – 535.

[105] 刘健鑫, 崔汉国, 张晶, 等. 包围盒碰撞检测算法的优化[J]. 计算机工程与应用, 2008, 44(18)：51 – 86.

[106] Ganter M A, Isarankura B P. Dynamic collision detection using space partitioning [J]. Journal of Mechanical Design, 1993, 115(1)：150 – 155.

[107] 邹益胜, 丁国富, 何邕, 等. 空间三角形快速相交检测算法[J]. 计算机应用研究, 2008, 25(10)：2906 – 2910.

[108] James K, Hahn. Realistic Animation of Rigid Bodies [C]. Proceedings of SIGGRAPH88, New York, USA：ACM, 1988：299 – 308.

[109] Gino van den, Bergen. Efficient Collision Detection of Complex Deformable Models using AABB Trees [J]. Journal of Graphics Tools, 1999, 4(2)：1 – 13.

[110] Gottschalk S, Lin M C, Manocha D. OBBTree：a hierarchical structure for rapid interference detection[C]. Proceedings of the 23rd annual conference on Computer graphics and interactive techniques. New Orleans, USA：ACM, 1996：171 – 181.

[111] Klosowski, J T, Held Martin, Mitchell J S, et al. Efficient collision detection using bounding volume hierarchies of k – dops [J]. IEEE Transaction on Visualization and Computer Graphics, 1998, 4(1): 21 –36.

[112] PobilA P dell, Serna M A. A new representation for robotics and artificial intelligent application [J]. International Journal of Robotics & AutoMation, 1994, 9(1): 11 –21.

[113] Shamos M I, Hoey D. Geometric intersection problems [C]. Proceedings of the 17th Annual Symposium on Foundations of Computer Science. Washington, USA: IEEE Computer Society, 1976: 208 –215.

[114] Bentley J L, Ottmann T A. Algorithms for Reporting and Counting Geometric Intersections [J]. IEEE Transactions on Computers, 1979, 28(9): 643 –647.

[115] Domiter V, Zalik B. Sweep – line Algorithm for Constrained Delaunay Triangulation [J]. International Journal of Geographical Information Science, 2008, 22(4): 449 –462.

[116] Alik K R, Alik B. A sweep – line algorithm for spatial clustering [J]. Advances in Engineering Software, 2009, 40(6): 445 –451.

[117] Tomasz Koziara, Nenad Bicanic. Sweep – Plane approach to bounding box intersection[C]. Proceedings of VIII International Conference on Computational Plasticity. Barcelona, Spain: CIMNE, 2005: 1 –4.

[118] 赵红超. 空间关系的研究和实现[D]. 北京: 中国科学院计算技术研究所, 2006.

[119] 王梦晓. 基于红蓝思想的空间拓扑分析算法的研究与实现[D]. 南京: 南京航空航天大学, 2005.

[120] Mairson H, Stolfi J. Reporting and counting intersections between two sets of line segments [C]. Proceedings of Theoretical Foundations of Computer Graphics and CAD. Berlin, Germany: Springer Verlag, 1988: 307 –325.

[121] Julien Basch, Guibas L J, Ramkumar G D. Reporting Red—Blue Intersections between Two Sets of Connected Line Segments [J]. Algorithmica, 2002, 35(1): 1 –20.

[122] Palazzi L, Snoeyink J. Counting and reporting red/blue segment intersections [J]. Academic Press, 1994, 56(4): 530 –540.

[123] Chazelle B, Edelsbrunner H. An optimal algorithm for intersecting line segments in the plane [J]. Journal of the ACM (JACM), 1992, 39(1): 1 –54.

[124] 宋超, 关振群. 三维约束 Delaunay 三角化的边界恢复和薄元消除方法[J]. 计算力学学报, 2004, 21(2): 169 –176, 196.

[125] Catmull E, Clark J. Recursively generated B – spline surfaces on arbitrary topological meshes [J]. Computer Aided Design, 1978, 10(6): 350 –355.

[126] Doo D, Sabin M. Analysis of the Behavior of Recursive Division Surfaces Near Extraordinary Points [J]. Computer Aided Design, 1978, 10(6): 356 –360.

[127] Loop C T. Smooth Subdivision Surfaces Based on Triangle [Master's Thesis] [D]. Salt Lake: The University of Utah. Department of Mathematics, 1987.

[128] Dyn N, Levine D, Gregory J A. A butterfly subdivision scheme for surface interpolation with

tension control ［J］. ACM Trans Graph, 1990, 9(2): 160 – 169.

［129］ Zorin D, Schröder P, Sweldens W. Interpolating Subdivision for Meshes with Arbitrary Topology ［C］. Proceedings of SIGGRAPH 1996, New York: Association for Computing Machinery, 1996: 189 – 192.

［130］ Leif K. sqrt(3) – Subdivision ［C］. Proceedings of SIGGRAPH 2000, 2000: 103 – 112.

［131］ Zhang Hongxin, WANG Guojin. Semi – Stationary Push – Back Subdivision Schemes ［J］. Journal of Software, 2002, 13(9): 1830 – 1839.

［132］ Peters J, Shiue L J. Combining 4 – and 3 – direction subdivision ［J］. ACM Transactions on Graphics, 2004, 23(4): 980 – 1003.

［133］杨东来, 张永波, 王新春. 地质体三维建模方法与技术指南［M］. 北京: 地质出版社, 2007.

［134］屈洪刚, 潘懋, 董攀, 等. 基于网格细分技术的三维地质模型光滑方法研究［J］. 地理与地理信息科学, 2007, 23 (6): 14 – 17.

［135］陈云翔, 刘文杰, 丁永生, 等. 基于蝶形细分自适应算法的三维地形仿真［J］. 计算机仿真, 2009, 26 (1): 229 – 232.

［136］ Zorin D. Stationary subdivision and multiresolution surface representations［D］. Caltech, 1997.

［137］ ZORIN D, Peter S. Subdivision for modeling and animation ［C］. Proceedings of SIGGRAPH 2000 Course Notes, 2000.

［138］熊祖强, 贺怀建, 夏艳华. 基于 TIN 的三维地层建模及可视化技术研究［J］. 岩土力学, 2007, 28 (9): 1954 – 1958.

［139］ Yonezawa G, Tatsuya N, Masumoto S, et al. 3D geologic modeling and visualization of faulted structures: theory and GIS application ［C］. Proceedings of the Open GIS – GRASS Users Conference, Toronto, 2002: 315 – 321.